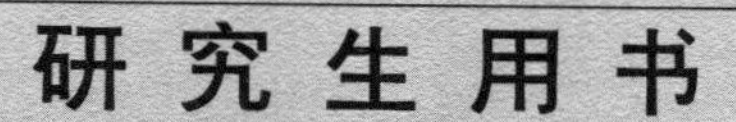

反刍动物营养

Ruminant Nutrition

赵广永 编著

中国农业大学出版社
CHINA AGRICULTURAL UNIVERSITY PRESS
·北京·

内 容 简 介

本书介绍了反刍动物幼畜瘤胃发育特点，反刍动物采食、反刍、饮水和唾液分泌规律，瘤胃微生物和瘤胃发酵基本理论，饲料中的碳水化合物、含氮化合物、脂肪及长链脂肪酸在瘤胃中的代谢规律，瘤胃甲烷产生规律及其调控途径，反刍动物饲料能量和蛋白质营养价值评定理论以及反刍动物营养研究技术，包括尼龙袋技术、瘤胃内容物标记物技术、全消化道灌注营养技术、瘤胃微生物标记物技术、人工瘤胃技术以及瘤胃微生物分离培养技术的理论、方法和用途。本教材可作为动物营养和饲料科学专业硕士研究生的参考教材，也可供动物科学专业的本科生和其他从事牛羊生产研究的同行参考。

图书在版编目(CIP)数据

反刍动物营养/赵广永编著. —北京：中国农业大学出版社，2012.7(2017.2 重印)
ISBN 978-7-5655-0546-1

Ⅰ.①反… Ⅱ.①赵… Ⅲ.①反刍动物-动物营养-研究 Ⅳ.①S823.05

中国版本图书馆 CIP 数据核字(2012)第 112299 号

书　　名 反刍动物营养
作　　者 赵广永 编著

策划编辑 梁爱荣 席 清　　**责任编辑** 梁爱荣
封面设计 郑 川　　**责任校对** 王晓凤 陈 莹
出版发行 中国农业大学出版社
社　　址 北京市海淀区圆明园西路 2 号　　**邮政编码** 100193
电　　话 发行部 010-62818525，8625　　读者服务部 010-62732336
编辑部 010-62732617，2618　　出 版 部 010-62733440
网　　址 http://www.cau.edu.cn/caup　　**e-mail** cbsszs @ cau.edu.cn
经　　销 新华书店
印　　刷 北京鑫丰华彩印有限公司
版　　次 2012 年 8 月第 1 版　　2017 年 2 月第 2 次印刷
规　　格 787×980　16 开本　8 印张　140 千字
定　　价 19.00 元

图书如有质量问题本社发行部负责调换

出 版 说 明

我国的研究生教育正处于迅速发展、深化改革时期，研究生教育要在研究生规模和结构协调发展的同时，加快教学改革步伐，以培养高质量的创新人才。为加强和改进研究生培养工作，改革教学内容和教学方法，充实高层次人才培养的基本条件和手段，建设研究生培养质量基准平台，促进研究生教育整体水平的提高，中国农业大学通过一系列的改革、建设工作，形成了一批特色鲜明的研究生教学用书，本书是其中之一。特别值得提出的是，本书得到了“北京市教育委员会共建项目”专项资助。

建设一批研究生教学用书，是研究生教育教学改革的一次尝试，这批研究生教学用书，以突出研究生能力培养为出发点，引进和补充了最新的学科前沿进展内容，强化了研究生用书在引导学生扩充知识面、采用研究型学习方式、提高综合素质方面的作用，必将对提高研究生教育教学质量产生积极的促进作用。

中国农业大学研究生院

2008 年 1 月

前　　言

我们工作生活在一个信息时代。信息时代的最大特征是：信息量大，信息传播速度快，信息获取方便。与其他领域一样，反刍动物营养研究进展也极为迅速。借助计算机网络和其他媒介，我们能够快速、方便地获得所需要的信息资料。因此，无论教材的编写速度有多快，作者收集的资料有多全，教材也不可能完全概括最新的研究进展。也就是说，教材内容可能会滞后于学科的最新研究进展，而直接查阅学术期刊上已经发表的论文资料能够更好地跟踪学科发展的最新动向与进展。但是，对于初学者来说，学术期刊上的信息资料相对比较零散、不系统，这对于系统地掌握反刍动物营养理论知识、解决生产实际问题十分不利。从这个角度来讲，编写教材还是非常必要的。出于这样的考虑，作者把近二十年来在反刍动物营养教学中积累的资料、作者的部分研究结果、教学研究体会，以及在生产实践中获得的部分实例加以整理，编辑成册，供大家参考。希望本书能够帮助学生掌握反刍动物营养的基本理论，提高提出问题、分析问题和解决问题的能力。

由于编写时间紧张，本人水平有限，教材中的不足或错误在所难免，敬请大家批评指正。

赵广永

2012 年 4 月

目　　录

第一章 瘤胃微生物与瘤胃内容物的特性

反刍动物有四个胃，包括瘤胃、网胃、瓣胃和真胃。在消化生理特点方面，反刍动物与非反刍动物存在很大差异。例如，反刍动物能够以粗饲料作为主要饲料；反刍动物的主要能量利用形式是挥发性脂肪酸(volatile fatty acids，VFA)，而非反刍动物的主要能量利用形式是葡萄糖；反刍动物能够利用非蛋白氮化合物(non-protein nitrogen，NPN)作为蛋白质代用品等。反刍动物与非反刍动物之间的差异主要是消化道结构的不同所造成的。具体而言，就是反刍动物具有瘤胃。瘤胃对于反刍动物的采食特点和营养物质供应发挥着重要作用，主要体现在以下四个方面。

1.反刍动物的采食量大

反刍动物采食量大小取决于瘤胃容积。成年奶牛的瘤胃容积一般为100 L左右，成年绵羊的瘤胃容积为6～10 L。研究表明，成年奶牛的饲料干物质采食量为其体重的2.0%～2.5%。

2. 反刍动物可以有效消化纤维性饲料

成年反刍动物的瘤胃中生活着大量的瘤胃微生物，瘤胃微生物能够产生纤维水解酶及其他碳水化合物酶类，因此，反刍动物能够采食、消化纤维性饲料。这种消化能力并不是反刍动物本身所具备的，而是瘤胃微生物为反刍动物提供了这种能力。

3. 饲料成分在瘤胃中可在一定程度上被降解转化

反刍动物采食的饲料到达瘤胃以后，部分饲料营养成分能够被瘤胃微生物降解、转化。例如，饲料碳水化合物能够被发酵，产生 VFA。VFA 被反刍动物用做能量来源。饲料含氮化合物能够被瘤胃微生物降解为肽类、氨基酸和氨。同时瘤胃微生物又能够利用这些降解产物作为原料，合成微生物蛋白质。微生物蛋白质随着瘤胃内容物从瘤胃中流出，流入后部消化道，被反刍动物消化利用，作为蛋白质来源。饲料中的脂肪及长链脂肪酸在瘤胃中也能够被微生物分解或转化，产生一些新的营养成分。例如，不饱和脂肪酸可以被氢化，被转化为饱和脂肪酸。十八碳二烯酸在生物氢化（biohydrogenation）过程中，被转化为共轭亚油酸（conjugated linoleic acids，CLA）。瘤胃微生物还能够合成水溶性维生素。

4. 瘤胃上皮能够吸收 VFA 等营养成分

研究表明，碳水化合物在瘤胃中发酵产生的大部分 VFA 可通过瘤胃上皮被吸收。瘤胃上皮的健康状况对于 VFA 的吸收非常重要。

总之，瘤胃功能对于反刍动物的采食量、饲料营养成分消化以及营养物质供应均非常重要。成年反刍动物复胃的外形见图 1.1。

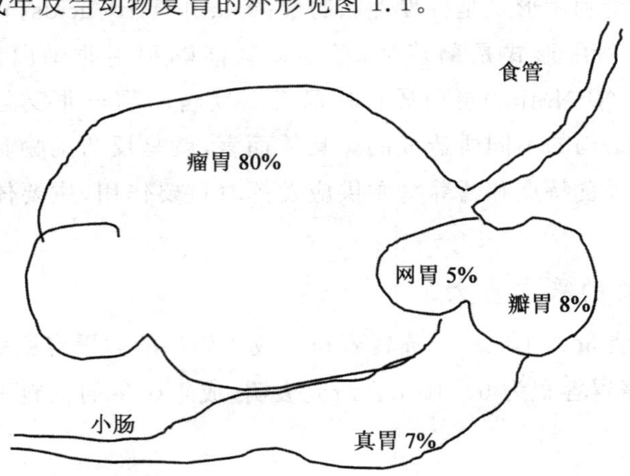

图 1.1　成年反刍动物复胃的外形

第一节　反刍动物幼畜瘤胃发育规律

一、反刍动物幼畜复胃的特点

与成年反刍动物相比，反刍动物幼畜的瘤胃、网胃、瓣胃和真胃容积要小得多，并且瘤胃、网胃、瓣胃和真胃容积的相对百分比也与成年反刍动物存在很大差别。

据报道，初生犊牛瘤胃、网胃、瓣胃和真胃的体积分别占四个胃总体积的百分比分别为25％、5％、10％和60％，犊牛达到3～4月龄时，分别为65％、5％、10％和20％，而成年牛分别为80％、5％、7％～8％、7％～8％。由此可以看出，初生犊牛的瘤胃相对容积很小，而成年牛的瘤胃相对容积很大。初生犊牛的真胃相对容积很大，而成年牛的真胃相对容积较小。这说明三个问题：①反刍动物的瘤胃、网胃、瓣胃和真胃的容积是随着年龄的增长而逐渐发生变化的；②反刍动物幼畜对营养物质的消化主要是依靠真胃进行的，而瘤胃的作用相对并不重要；③随着反刍动物年龄的增长，瘤胃功能的重要性逐渐提高，而真胃功能的重要性则相对下降。实际上，哺乳期反刍动物主要采食牛奶或代乳料，这些液体饲料被采食后通过食管沟直接到达真胃进行消化，并不需要经过瘤胃。因此，反刍动物幼畜主要依靠真胃进行消化，瘤胃并不发挥主要作用。随着年龄的增长，反刍动物幼畜逐渐采食少量干草或精料混合料。这些饲料到达瘤胃，同时带入微生物，这些微生物在瘤胃中存活下来，逐渐形成了稳定的瘤胃微生物区系，饲料营养成分开始被发酵，反刍动物也开始出现反刍活动。反刍动物幼畜复胃的外形如图1.2所示。

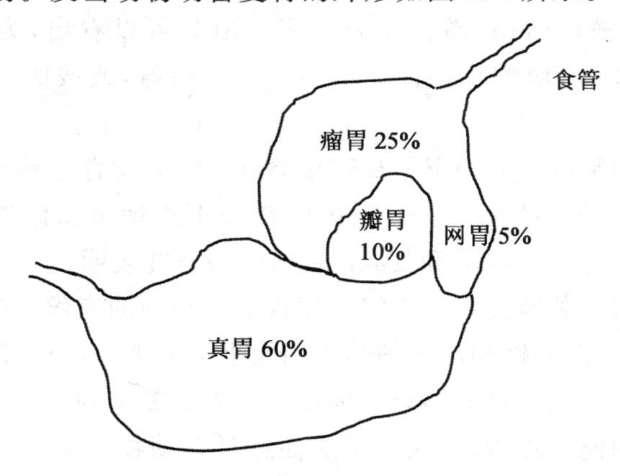

图1.2　反刍动物幼畜复胃的外形

二、影响瘤胃发育的因素

瘤胃是反刍动物的重要消化器官,使反刍动物幼畜的瘤胃尽早地、充分地发育是反刍动物生产的重要目标之一。瘤胃容积大小对成年反刍动物的采食量具有重要影响,瘤胃上皮的健康状况对于 VFA 及其他营养物质的吸收也具有重要作用。优质高产的反刍动物,其瘤胃必定发育良好。研究表明,精料可促进瘤胃上皮乳头状结构的生长。干草促进瘤胃容积增加和瘤胃肌肉的生长。只饲喂牛奶的犊牛瘤胃发育比既喂牛奶又补充饲料的犊牛瘤胃发育要差。不同饲料及年龄对犊牛瘤胃上皮发育的影响结果见表 1.1。

表 1.1　饲料类型对犊牛瘤胃黏膜乳头状结构形态学指标的影响

处理	长度 /mm	单位面积内的数量/mm^2	横切面积 /mm^2	周长 /mm	表面积 /(mm^2/cm^2)
6 周龄,大麦/豆粕	1.44	180	0.61	4.2	217
6 周龄,苜蓿	1.58	191	0.52	3.6	198
9 周龄,大麦/豆粕	1.96	106	1.36	9.3	286
9 周龄,苜蓿	2.37	136	0.91	6.3	245

来源:Zitnan 等,1998。

从表 1.1 可以看出,9 周龄犊牛的瘤胃黏膜乳头状结构的长度、密度、横切面积、周长和表面积均高于 6 周龄的犊牛。对于 6 周龄的犊牛来说,补饲大麦/豆粕或苜蓿对于上述指标没有显著影响,而对于 9 周龄的犊牛来说,补饲苜蓿显著提高了瘤胃黏膜乳头状结构的长度,而补饲大麦/豆粕显著提高了瘤胃黏膜乳头状结构的密度、横切面积、周长和表面积。由此可以看出,为了促进反刍动物幼畜瘤胃上皮的发育,应该补饲优质精料和优质粗料,或按照一定的精粗比例补饲混合饲料。

除了年龄和饲料因素外,VFA 及其盐类对于瘤胃发育也具有促进作用。早在 1962 年,Tamate 等研究表明,乙酸钠、丙酸钠和丁酸钠可以促进犊牛瘤胃上皮乳头状结构的生长发育。Sakata 和 Tamate (1979)研究表明,丁酸钠、丙酸钠和乙酸钠的混合物均能够显著地提高成年绵羊瘤胃上皮细胞的有丝分裂指数(mitotic index),并且丁酸钠比丙酸钠和乙酸钠的作用效果更显著。Lane 和 Jesse (1997) 发现,乙酸、丙酸和丁酸混合物能够有效地促进 2 周龄羔羊的瘤胃上皮乳头生长和瘤胃上皮细胞代谢功能。乙酸、丙酸和丁酸促进反刍动物幼畜瘤胃上皮细胞分化的机理可能是,VFA(丁酸等)促进了动物胰岛素生长因子-Ⅰ(insulin-like growth factor-I,IGF-I)、表皮生长因子(epidermal growth factor,EGF)和胰岛素(insulin)的分泌,而这些激素促进了瘤胃上皮细胞的增殖。即VFA很可能是通过IGF-I等激素的介导而促进瘤胃上皮细胞增殖的。

三、促进反刍动物幼畜瘤胃发育的措施

不同奶牛个体的生产性能存在很大差异。培育优质奶牛的主要指标包括:初产年龄为24月龄,体重为570 kg,从出生到生产第一头犊牛的死亡率应小于10%,初产的流产率小于4%,10月龄前奶牛的日增重为800 g,10月龄后为825 g。为了达到这些生产指标,在犊牛生产阶段可采取以下措施:①在犊牛出生后1周左右开始让其自由采食优质干草;②出生后10 d左右开始补喂精料。最初每天10～20 g,以后增加到每天100 g左右;③出生后20 d开始补喂青绿饲料,最初每天10～20 g,2月龄可达到每天1～1.5 kg;④出生后60 d开始饲喂青贮饲料。最初每天100 g,3月龄时增加至每天1.5～2 kg。

根据以色列奶牛生产的经验,配制犊牛开食料的要求包括:①蛋白质质量好,最好用大豆饼作为蛋白质来源;②非蛋白氮不超过1%;③优质饲草最多占8%～12%;④开食料中棉籽可占10%～15%,以提高犊牛的食欲。总之,让犊牛尽早地接触、采食容易消化的优质精料和粗料,对于瘤胃发育非常有利。

四、哺乳期反刍动物的消化功能依赖于消化酶的分泌

对于哺乳期反刍动物来说,瘤胃尚未发育完善,对于食物的消化主要依赖于真胃和小肠的消化功能,而真胃和小肠对食物的消化取决于各种消化酶的活性。哺乳期反刍动物的消化酶主要包括:二糖水解酶(乳糖酶、麦芽糖酶、蔗糖酶)、多糖水解酶(淀粉酶、纤维素酶、木聚糖酶、果胶酶和果糖酶)以及脲酶、蛋白酶和脂肪酶等。一些研究表明,哺乳期反刍动物消化酶活性与其日龄有密切关系。随着出生日龄的增加,淀粉酶、麦芽糖酶、多聚糖酶和脂肪酶活性提高,而乳糖酶的活性显著下降。除了日龄对哺乳期反刍动物各种消化酶的分泌具有显著影响以外,食物成分及其添加剂对各种消化酶的分泌可能也具有重要影响。全面认识哺乳期反刍动物各种消化酶的分泌规律并且进行有效调控,对于科学地配合哺乳期反刍动物的开食料和代乳料,提高幼畜成活率,实现早期断奶和提高生产效率具有非常重要的意义。

很多研究表明,VFA能够显著地促进反刍动物幼畜瘤胃上皮和后部消化道上皮的发育,并且在反刍动物生产中,通过饲喂幼畜VFA(或VFA钠盐)促进瘤胃发育是一项重要生产措施,但是,VFA(或VFA钠盐)对消化酶分泌及其活性是

否也有影响，并不十分清楚。丁希宏和赵广永(2012)研究了向羔羊代乳料中添加混合 VFA 钠盐(按照乙酸、丙酸和丁酸 65∶25∶10 的摩尔比例配制)对小肠食糜中 α-淀粉酶、胰蛋白酶、脂肪酶、糜蛋白酶和乳糖酶的影响。研究结果见表 1.2 和图 1.3。

表 1.2 混合 VFA 钠盐对羔羊小肠消化酶活性的影响

指标	每只羊每天混合 VFA 钠盐添加量/g				
	0	5	15	30	60
食糜 pH	7.17	7.24	7.16	7.21	7.13
α-淀粉酶/(U/L)	3 713.17	3 026.17	3 288	1 748.17	2 041.17
胰蛋白酶/(U/mL)	259.78	527.22	447.41	296.63	265.99
脂肪酶/(U/L)	53.06	60.71	97.97	74.95	97.01
糜蛋白酶/(U/L)	15.91	19.22	26.06	28.19	26.84
乳糖酶/(U/L)	26.32	31.18	38.07	33.62	31.41

来源：丁希宏，赵广永(2012)。

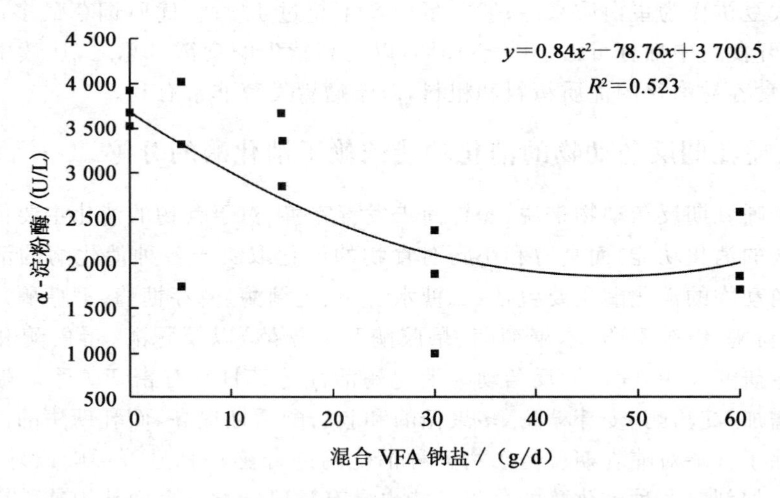

图 1.3 混合 VFA 钠盐饲喂量与小肠 α-淀粉酶之间的关系

(丁希宏，赵广永，2012)

从上述研究结果可以看出，向代乳料中添加 60 g/d VFA 钠盐，对小肠食糜的 pH 值、胰蛋白酶、脂肪酶、糜蛋白酶和乳糖酶的活性没有显著性影响。但是，向代乳料中添加混合 VFA 钠盐降低了羔羊小肠 α-淀粉酶的活性，使氮沉积有增加的趋势。因此，在生产中向羔羊代乳料中添加适量的 VFA 钠盐是可行的。

第二节　瘤胃微生物

反刍动物的瘤胃中生活着大量的瘤胃微生物，包括细菌、原虫和厌氧真菌三大类。在长期的生物进化过程中，各种瘤胃微生物在瘤胃中建立了相对稳定的生态系统，反刍动物与瘤胃微生物之间形成了非常牢固的共生关系。这种共生关系反映在几个方面：一是反刍动物为瘤胃微生物提供了适宜的生长繁殖环境；二是瘤胃微生物在生长繁殖的过程中可以产生很多消化酶类，帮助反刍动物消化饲料的营养成分；三是瘤胃微生物随着瘤胃内容物的外流，流入真胃和小肠，作为蛋白质和其他营养物质的来源为反刍动物提供营养。因此，认识瘤胃微生物的特点及其对反刍动物营养的影响，非常重要。

一、瘤胃细菌的分类

瘤胃细菌的个体很小，只有借助高倍显微镜才能看见。瘤胃细菌的数量很多。每毫升瘤胃液中细菌可达1亿～10亿个。瘤胃细菌对于帮助反刍动物消化饲料具有重要作用。对细菌进行分类的方法很多，例如，根据细菌的染色特性进行分类；根据细菌的形状进行分类；根据细菌的代谢产物进行分类等。根据细菌代谢特点分类，可把细菌分为22个属63种。但是，从反刍动物营养的角度来看，这些分类方法并不能充分地反映瘤胃细菌与反刍动物之间的关系。因此，根据细菌对饲料营养成分的利用特点进行分类更有价值。

（一）根据细菌对饲料成分利用的特点分类

1.纤维分解菌

反刍动物本身并不具备有效消化粗饲料的能力，其消化纤维性饲料的能力主要得益于瘤胃微生物的帮助，特别是瘤胃中纤维分解菌的作用。纤维分解菌具有两个特性：一是以饲料中的纤维素、半纤维素作为发酵基质；二是纤维分解菌的生长、繁殖及活性受瘤胃内环境的影响，特别是瘤胃pH值的影响。在正常瘤胃pH值范围内，随着瘤胃pH值的升高，纤维分解菌的活性也升高；随着瘤胃pH值的下降，纤维分解菌的活性也下降。一般情况下，当瘤胃pH值低于6.2时，纤维分解菌的活性就会下降。保持瘤胃中纤维分解菌的活性对于提高反刍动物对粗饲料的消化率和利用率、降低饲料成本非常重要。因此，在生产实践中，应该采取措施提高纤维分解菌的活性。影响瘤胃pH值的因素均能够影响纤维分解菌的活性，而影响瘤胃 pH 值的因素很多，包括日粮精粗比例、日粮物理结构（颗粒大小）、饲喂方式（精料、粗料分开饲喂或采用全混合日粮技术）以及饲料添加剂（例如碳酸氢钠）等。一般情况下，随着日粮精料/粗料比例的提高，瘤胃 pH 值下降，这样会导致纤维分解菌活性的下降。这是因为，精料中的淀粉容易被快速发酵，产生大量 VFA。在生产实践中，为了提高反刍动物对秸秆饲料的消化率和采食量，通常对秸秆饲料进行氨化处理。但是，在使用氨化秸秆饲喂反刍动物时，如果同时使用大量精料、特别是玉米等淀粉含量较高的饲料，粗饲料的氨化效果会被相应抵消。这是因为，饲喂大量玉米时，瘤胃内产生大量 VFA，瘤胃 pH 值下降，进而影响瘤胃中纤维分解菌的活性，导致粗饲料消化率下降。因此，在生产实践中，使用提高日粮精料/粗料的比例，不仅导致饲料成本上升，同时还很可能造成粗料消化率下降。纤维分解菌对纤维性饲料的发酵产物主要是乙酸。

2. 淀粉分解菌

淀粉分解菌是瘤胃中的另一类重要细菌。这类细菌具有两个特点：①以饲料中的淀粉作为主要发酵基质；②淀粉分解菌的活性也受瘤胃 pH 值的影响。这一特点与纤维分解菌正好相反。在正常瘤胃 pH 值范围内，随着瘤胃 pH 值的升高，淀粉分解菌的活性下降；反过来，随着瘤胃 pH 值的下降，淀粉分解菌的活性升高。淀粉分解菌对淀粉的发酵产物主要是丙酸。

瘤胃 pH 值与纤维分解菌和淀粉分解菌相对活性之间的关系见图 1.4。

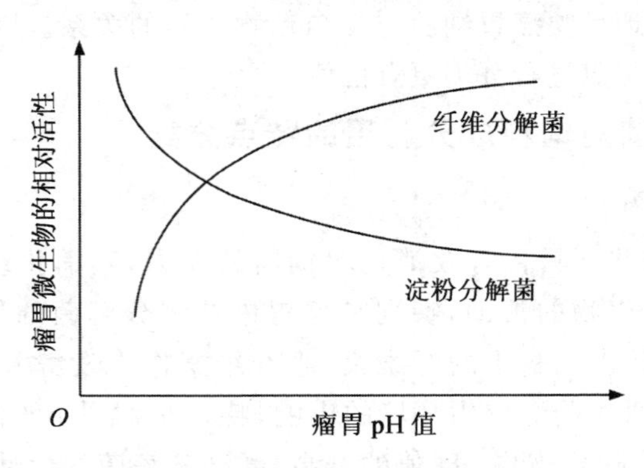

图 1.4 瘤胃 pH 值对纤维分解菌和淀粉分解菌的影响

3. 蛋白质分解菌

蛋白质分解菌能够产生蛋白质水解酶，把反刍动物采食的饲料蛋白质在一定程度上降解为肽类、氨基酸和氨。对于不同来源的饲料蛋白质，蛋白质分解菌的降解能力不同。对于植物性饲料蛋白质，降解能力较强。而对于动物性来源的蛋白质，降解能力较差。例如，豆饼蛋白质在瘤胃中的降解率可高达 80%，而鱼粉蛋白质在瘤胃中的降解率只有 20%左右。一般情况下，蛋白质分解菌对饲料蛋白质的降解率不会达到 100%。在蛋白质分解菌对饲料蛋白质进行降解，产生肽类、氨基酸和氨的同时，瘤胃微生物能够利用这些降解产物作为原料，合成微生物蛋白质。随着瘤胃内容物的外流，饲料的非降解蛋白和微生物蛋白一起流入真胃和小肠，被反刍动物作为蛋白质来源消化利用。由于瘤胃中蛋白质分解菌的作用，使得反刍动物对蛋白质的消化特点与单胃动物之间存在很大差异。

4. 产甲烷菌

随着饲料中碳水化合物在瘤胃中被瘤胃微生物发酵，瘤胃中产生大量二氧化碳和氢。瘤胃产甲烷菌（methanogenic bacteria）能够利用二氧化碳和氢作为原料，合成甲烷（methane）。甲烷可以通过反刍动物的嗳气，释放到大气中。产甲烷菌的活动导致反刍动物产生大量甲烷。这一过程会造成两个方面的问题：一是饲料能量损失。甲烷本身含有能量。甲烷释放本身就是能量浪费。甲烷产量受很多因素的影响，包括饲料成分、饲料采食量、饲料的加工处理方式、反刍动物的饲喂方式以及饲料添加剂等。饲料采食量越高、消化率越高，甲烷产量就越多。二是反刍动物释放的甲烷加重地球的温室效应（greenhouse effect）。甲烷是重要的温室气体，反刍动物产生的甲烷可占地球甲烷产量的 18%左右。因此，反刍动物释放的甲烷对于地球温室效应的影响不可忽视。早期对反刍动物甲烷产生的研究主要是针对提高饲料能量的利用率。近年来，由于地球温室效应的加剧，对于反刍动物产生甲烷研究的主要目标是减轻地球的温室效应。

（二）根据细菌在瘤胃中的位置分类

瘤胃内容物可以被简单地分为液体、固体两部分。其中固体又可以分为饲料颗粒和细胞（包括原虫和瘤胃上皮细胞）。因此，可以根据瘤胃细菌在瘤胃中的位置进行分类。

1. 游离于瘤胃液中的细菌

这类细菌主要以可溶性营养物质为食物，包括糖、淀粉和氨基酸等。

2. 附着于饲料颗粒上的细菌

这类细菌主要以纤维素和半纤维素等为主要食物。

3. 附着于细胞上的细菌

包括附着于瘤胃上皮细胞和原虫细胞上的细菌。实际上，这三类微生物之间并没有严格的界限。动物采食后，瘤胃中可溶性营养物质较多，这时微生物主要在瘤胃液中活动，首先利用容易利用的营养物质。当瘤胃液中的营养物质消耗完后，微生物又会转移到饲料颗粒或细胞表面上。生物总是趋于利用容易利用的营养物质。

（三）净碳水化合物—蛋白质体系的分类方法

净碳水化合物—蛋白质体系（Cornell Net Carbohydrate and Protein System，CNCPS）是美国康奈尔大学提出的对反刍动物饲料营养成分分类的方法。这一体系将瘤胃细菌分为两大类：一类是在瘤胃中发酵结构性碳水化合物（structural carbohydrates，SC）（纤维素、半纤维素）的细菌。这类细菌只发酵细胞壁的碳水化合物，仅用氨作为氮源，利用肽类和氨基酸。另一类是在瘤胃中发酵非结构性碳水化合物（non-structural carbohydrates，NSC）（淀粉、果胶、糖）的细菌。这类细菌发酵非结构性的碳水化合物，如淀粉、果胶和糖等，以氨、肽类和氨基酸作为氮源，能产生氨。这种分类方法反映了瘤胃细菌对能量物质、氮素利用的特点，对瘤胃细菌分类进行了简化。

二、瘤胃细菌消化饲料的方式

反刍动物采食的饲料到达瘤胃以后，很快被大量瘤胃微生物包围，并且附着在饲料颗粒上。然后，瘤胃微生物从植物性饲料的气孔或缝隙进入到饲料颗粒的内部，开始对饲料颗粒进行消化。从里到外，逐步进行。这是瘤胃微生物消化饲料的一般过程。在这一过程中，微生物对饲料的附着过程是必不可少的。如果由于某种原因导致微生物与饲料颗粒不能接触和附着，则饲料不能够被微生物有效地消化降解。例如，反刍动物日粮中添加大量脂肪，会隔断微生物与饲料颗粒之间的接触。这样就容易造成饲料消化率下降，严重时，可造成瘤胃发酵异常。由此可见，为了提高饲料的消化率，特别是粗饲料的消化率，提高瘤胃微生物与饲料颗粒的接触面积、加强瘤胃微生物对饲料颗粒的附着以及帮助微生物进入饲料颗粒内部，均是必要的。在生产实践中，对粗饲料进行粉碎、压扁或揉搓均能够达到上述目的。但是，需要注意的是，对粗饲料的过度加工处理，如粉碎过细，并不能够有效地提高粗饲料的消化率，这是由几个方面的因素决定的：①粉碎过细虽然能够提高瘤胃微生物与饲料颗粒的接触面积，加强微生物对饲料颗粒的附着，但是会导致反刍动物的反刍活动减少，唾液分泌减少，而唾液呈弱碱性，这样就减弱了唾液对瘤胃酸度的缓冲作用，瘤胃 pH 值下降，进而抑制纤维分解菌的活性，导致粗饲料消化率的下降；②饲料粉碎过细，会造成饲料在瘤胃中的停留时间缩短，即瘤胃微生物对饲料的消化作用时间缩短，导致饲料消化率下降。当然，对饲料的过细加工处理，还会导致人工和电力成本的上升，这对于提高生产效益也是不利的。

三、瘤胃原虫的分类及其特点

原虫是瘤胃个体较大的一类微生物。原虫的种类很多，个体大小差别很大。一般呈椭圆形。原虫的体长一般为 19～38 μm，体宽为 15～109 μm。实际上，原虫细胞是椭球体，而不是平面的。当原虫在瘤胃液中运动时，可以观察到这一特点。每毫升瘤胃内容物中含有 20 万～200 万个原虫。一般情况下，需要借助显微镜才能观察瘤胃原虫，在低倍显微镜下就能够看清楚原虫的外形及其运动状态。由于原虫的体积相对较大，有时裸眼也能够看见个体较大的瘤胃原虫。图 1.5 显示了典型瘤胃原虫的形状。

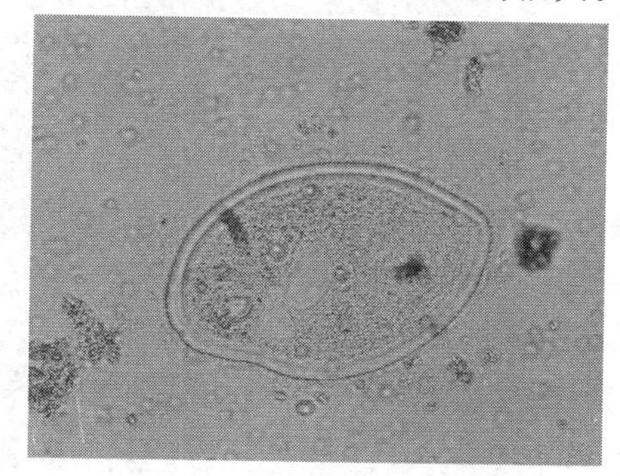

图 1.5　瘤胃原虫的形状

1. 原虫的分类

从生物学的角度对原虫进行分类对于反刍动物营养来说没有太大意义。由于原虫的个体较大，在显微镜下可以看得很清楚，因此，一般根据外形将原虫分为纤毛虫和鞭毛虫。根据纤毛的多少纤毛虫又可分为贫毛虫和全毛虫。贫毛虫的口缘部或其他部位有部分纤毛，而全毛虫整个身体全部被纤毛所覆盖。纤毛是纤毛虫的运动器官，通过纤毛的摆动，原虫能够快速运动。鞭毛虫一般在顶部有 3～5 根较长的鞭毛。鞭毛是鞭毛虫的运动器官。通过鞭毛的摆动，鞭毛虫能够运动。但是，鞭毛的摆动往往只能使鞭毛虫在原地打转，很少能够像纤毛虫那样向前游动。鞭毛虫在瘤胃中的数量很少，一般难以观察到。图 1.6 显示了不同体积及不同形状的瘤胃原虫。

2. 原虫与细菌的特点比较

原虫和细菌是瘤胃中的两大类微生物。原虫个体大、细菌个体小；原虫能够在瘤胃液中快速游动，而细菌的活动性很差；原虫在瘤胃液中的浓度高，而细菌的浓度低；原虫的繁殖速度慢，增殖一代一般需要 12～48 h，而细菌的增殖速度快，增殖

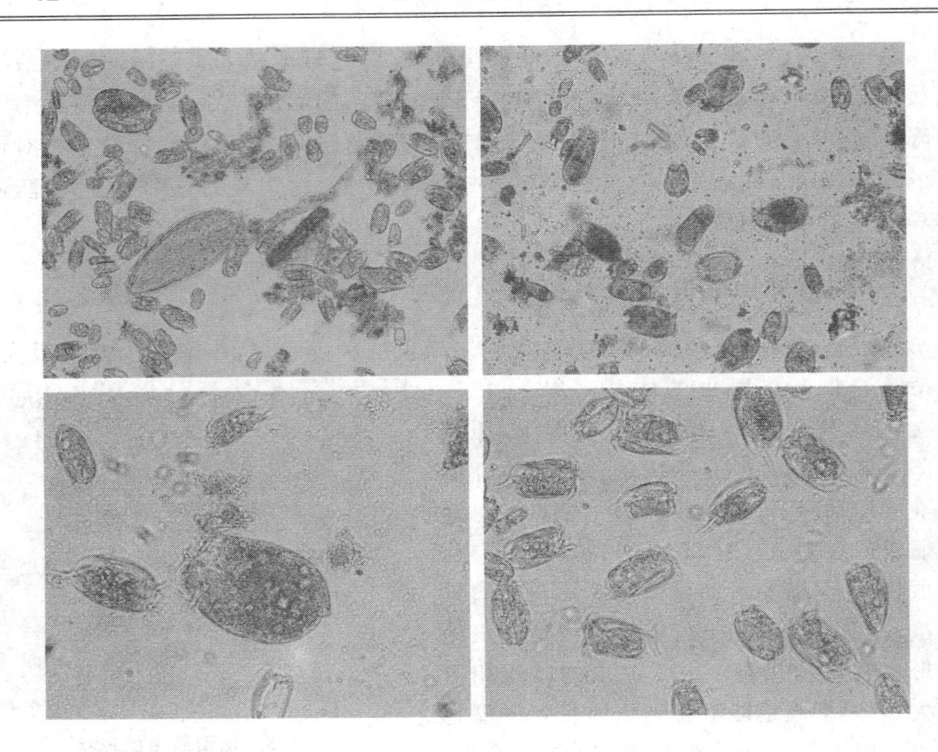

图 1.6 瘤胃原虫

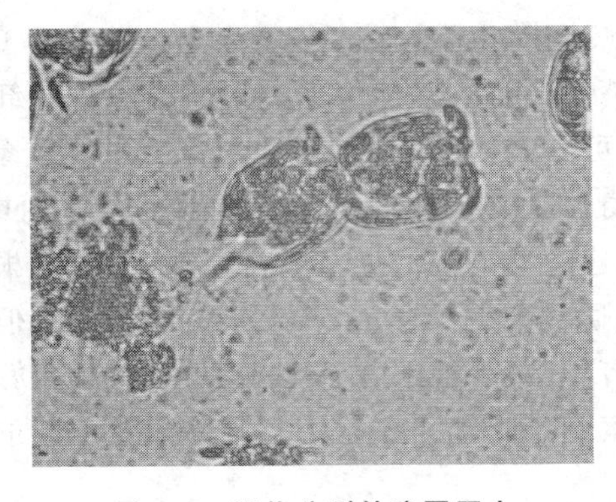

图 1.7 即将分裂的瘤胃原虫

一代一般只需要数小时。图 1.7 为即将分裂的瘤胃原虫。瘤胃原虫对营养物质的利用能力与细菌相近；原虫能够以不溶多聚物的形式贮存多余的碳水化合物。这一特点对于降低淀粉和糖在瘤胃中的发酵速度、稳定瘤胃 pH 值具有重要作用；与细菌相比，原虫更容易受瘤胃环境的影响，特别是 pH 值的影响；细菌能够利用非蛋白氮合成本身的蛋白质，而原虫主要依靠吞食和消化细菌及利用游离氨基酸合成自身的蛋白质。每分钟大约有 1%的细菌可被原虫吞食。这种吞食作用是降低瘤胃微生物蛋白质合成效率的重要原因。从上述比较可以看出，原虫对提高瘤胃发酵效率有重要作用，但吞食细菌的特点不利于微生物蛋白质合成效率的提高。

四、瘤胃原虫在瘤胃发酵中的作用

1. 降解纤维素

与瘤胃细菌相似，瘤胃原虫也可以产生纤维水解酶类。纤维水解酶能够降解植物细胞壁。原虫也能够吞食植物碎片，并在细胞内进行消化。原虫产生的纤维水解酶大约占整个瘤胃中纤维水解酶的50%。将瘤胃原虫去除，可降低纤维素在瘤胃中的消化率。图1.8显示了附着在饲料颗粒上的瘤胃原虫。

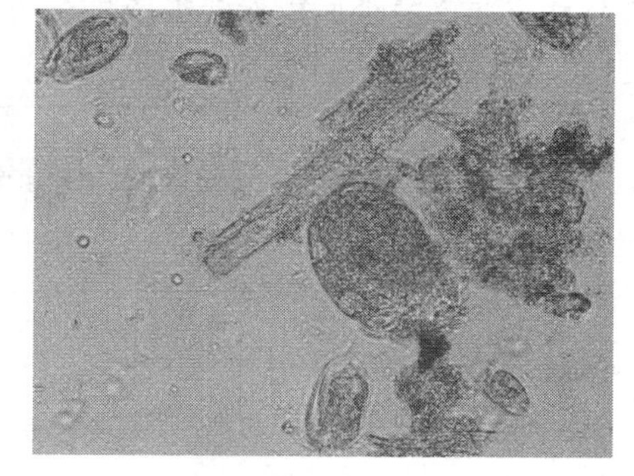

图1.8 附着在饲料颗粒上的瘤胃原虫

2. 发酵淀粉

原虫能够吞食饲料的淀粉颗粒并在细胞内进行发酵，同时也以支链淀粉的形式把多余的淀粉贮存在体内。Coleman (1979) 估算，日粮中的糖类最多有1/3可被原虫转化为支链淀粉。瘤胃原虫数量受日粮成分的影响。当日粮中淀粉含量比较丰富时，原虫数量增加。

3. 发酵脂肪

脂肪在瘤胃中可以被微生物发酵。在这一过程中，瘤胃原虫发挥着重要作用。瘤胃原虫产生的脂肪水解酶占瘤胃脂肪水解的30%～40%。瘤胃原虫能够吞食长链脂肪酸，并把不饱和脂肪酸氢化为饱和脂肪酸。有研究表明，将瘤胃中的原虫去除，会导致绵羊血液中饱和脂肪酸浓度下降。另外，瘤胃原虫也可以随着瘤胃内容物流入后部消化道，被反刍动物作为营养物质消化利用。流入后部消化道的瘤胃微生物脂肪大约有75%来自于瘤胃原虫。

4. 降解蛋白质

日粮蛋白质能够被瘤胃原虫降解为肽类、氨基酸和氨。原虫对日粮蛋白质的降解作用只相当于细菌的1/10。

五、去除原虫(defaunation)对瘤胃发酵的影响

尽管瘤胃原虫在生长繁殖过程中也能够产生一些酶类，促进饲料营养成分在在瘤胃中的发酵和转化，但是大部分瘤胃原虫附着在粗糙的饲料颗粒或瘤、网胃上皮细胞上，因而原虫从瘤、网胃中流出的速度比细菌要慢得多(Abe等，1981)。因此，相对于微生物物质总量而言，原虫对反刍动物的营养价值要小得多。同时，瘤

胃原虫吞食大量的瘤胃细菌,导致瘤胃微生物蛋白质的合成效率下降。因此,有人提出,去除瘤胃原虫可能有利于瘤胃发酵以及反刍动物的生产性能的提高。早在20世纪80年代,就有人开展了对瘤胃进行去原虫处理的研究。图1.9显示了瘤胃原虫对细菌的吞食作用对微生物蛋白质合成效率的影响,以及通过提高瘤胃内容物外流速度减少原虫吞食细菌机会的可能性。

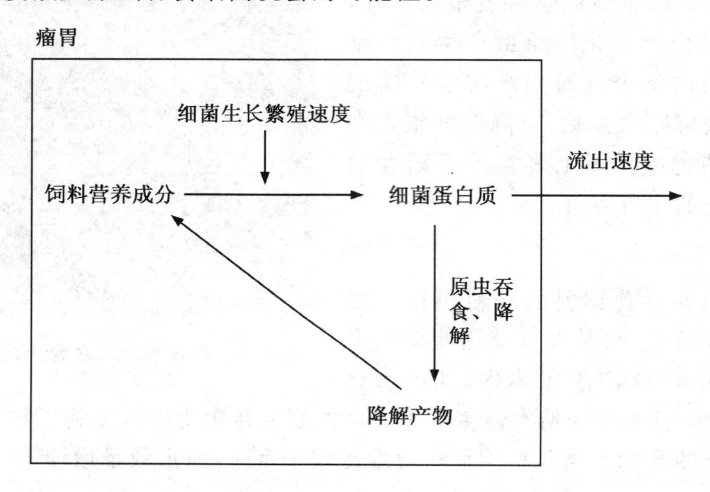

图1.9 瘤胃原虫对细菌的吞食作用造成微生物蛋白质合成效率下降

Bird等(1979)以糖蜜和燕麦草的低蛋白、高能量日粮饲喂绵羊,自由采食,补饲不同水平的鱼粉,对瘤胃进行去原虫处理。结果表明,补饲低水平鱼粉的绵羊,去原虫处理提高了其生长速度,改善了饲料转化率。但对补饲高水平鱼粉的绵羊没有明显效果。因此,去原虫处理提高了能量和氨基酸的可利用性。Bird和Leng (1978)研究了去原虫处理对采食低蛋白日粮牛的影响。试验牛采食液体糖蜜和燕麦秸作为基础日粮。对于采食基础日粮、不补饲过瘤胃蛋白的牛,去原虫对牛的生长速度没有影响。当牛饲以较高蛋白水平并去除原虫时,牛的增重速度提高了3%。结果表明,采食以糖蜜为基础日粮、过瘤胃蛋白较低的牛,去原虫可刺激牛的生长,而采食量并没有增加。这显然是通过提高饲料利用率达到的。Kayyouli等(1983/1984)对两只装有瘤胃瘘管的绵羊进行了有原虫、去原虫和再接种原虫的处理,发现去原虫提高了瘤胃丙酸比例及乳酸和细菌干物质的浓度,降低了总VFA和氨氮浓度及饲料的尼龙袋消失率。去原虫使饲料颗粒通过瘤胃的速度加快,导致瘤胃纤维消化率下降。这一结果与瘤胃微生物的降解及饲料在瘤胃中的停留时间缩短有关。Whitelaw等(1984)发现,去原虫使瘤胃中丙酸比例提高，甲烷产量下降。Eadie 和 Hobson(1962)发现，去原虫绵羊的瘤胃细菌数量比有原虫的绵羊要多。而再接种原虫后，细菌数量急速下降。这表明细菌与原虫对基质存在竞争作用以及原虫对细菌存在吞食作用。Veira 等(1983)用 6 只装有瘤胃瘘管和十二指肠瘘管的绵羊，饲以玉米、玉米青贮为 1∶1 的日粮。发现有原虫存在时，干物质(dry matter，DM)和淀粉的表观消化率较高。去原虫后，流入十二指肠的氨基酸增多。原虫使瘤胃氨和血浆尿素浓度升高，但使瘤胃 pH 值稳定。去原虫使 VFA 浓度升高，但对各种 VFA 的摩尔比例没有影响。Towne 等(1990)收集了 364 头牛的瘤胃内容物，研究了原虫的数量和分布。发现原虫数量平均为 1.59×10^5/g 瘤胃内容物。当牛采食小麦日粮时，动物脂肪和大豆补充料可降低原虫的数量。不过采食高粱或玉米日粮时，饲喂脂肪对牛瘤胃原虫数量没有影响。瘤胃 pH 值和原虫数量之间没有任何相关关系(对任何日粮)。Hsu 等(1991)发现，去原虫可降低全消化道 DM、有机物(organic matter，OM)、中性洗涤纤维(neutral detergent fibre，NDF)、酸性洗涤纤维(acid detergent fibre，ADF)和粗蛋白(crude protein，CP)消化率($P<0.05$)以及瘤胃液平均氨浓度和异丁酸浓度，提高流入小肠的亚油酸和亚麻酸数量及吸收量。日粮中补充尿素提高了去原虫绵羊对日粮 OM 和 DM 的全消化道消化率，但降低了瘤胃异丁酸浓度。对于去原虫绵羊，日粮中添加碳酸氢钠可提高瘤胃 pH、异丁酸浓度、ADF 全消化道消化率和 NDF、ADF 和 CP 的瘤胃消化率。Demeyer 和 Van Nevel(1979)发现，去原虫不能改变瘤胃微生物的氮磷比例。去原虫减少了瘤胃乙酸、丁酸和甲烷的比例，提高了发酵终产物中丙酸的比例，对瘤胃发酵效率没有影响(以微生物氮数量表示)。

总之，去除瘤胃原虫能够提高瘤胃中丙酸的摩尔比例，降低瘤胃甲烷产量和饲料消化率，提高微生物氮的合成效率。

关于是否应该去除瘤胃原虫的问题，目前存在两种观点。一种观点认为，瘤胃原虫吞食细菌可造成微生物蛋白质合成效率显著下降，因此瘤胃原虫的存在对反刍动物的营养物质供应是不利的，瘤胃原虫是瘤胃中的“寄生虫”，应该将瘤胃原虫去除；另一种观点认为，瘤胃原虫是瘤胃微生物的正常组成部分。在长期的生物进化过程中，反刍动物与瘤胃微生物以及不同种类的瘤胃微生物之间形成了一个完整的生态系统。生物进化的压力没有去除原虫，说明原虫在瘤胃中有存在的必要性。人为地将瘤胃中的原虫全部去除对于反刍动物的消化代谢及营养物质供应有不利影响。因此不应该去除原虫(Ryle 和 Ørskov，1987)。另外，在反刍动物生产实践中，去除瘤胃原虫处理难以实施。

六、厌氧真菌

1. 厌氧真菌的特点

厌氧真菌最初是 Orpin(1975) 和 Bauchop (1979) 发现的。在此之前,瘤胃液中游动的真菌孢子通常被认为是鞭毛虫。厌氧真菌几乎存在于所有反刍动物的瘤胃中。厌氧真菌均严格厌氧。羔羊出生后 8～10 d 瘤胃中即出现真菌。

2. 厌氧真菌在饲料消化中的作用

厌氧真菌在瘤胃中的作用还不完全清楚。Orpin 估算,厌氧真菌约占瘤胃微生物物质总量的 8%。除了果胶和多聚半乳糖以外,它们几乎能够发酵利用所有的植物多糖及所有的可溶性单糖。厌氧真菌的发酵产物是乙酸,并产生大量氢。它们可以氨为氮源合成自身蛋白质。将厌氧真菌从瘤胃中去除,可导致秸秆的瘤胃降解率下降。厌氧真菌也能够降解饲料蛋白质。厌氧真菌在瘤胃发酵中的作用主要是消化粗饲料。另外,厌氧真菌对瘤胃素比较敏感。

七、瘤胃微生物之间的关系

瘤胃中存在大量的微生物。在长期的生物进化过程中,这些微生物之间建立了密切的相互关系。瘤胃微生物相互影响、相互协同,帮助反刍动物消化饲料的营养成分。因此,瘤胃实际上是一个开放的生态系统。瘤胃微生物之间的关系主要体现在以下两个方面。

1. 产物—基质关系

瘤胃中微生物的种类很多,因此不便于研究不同瘤胃微生物在瘤胃中的作用。为了研究各种瘤胃微生物的特性,有人将不同瘤胃微生物从瘤胃中分离出来,进行体外纯化培养,在纯化培养时,会发现一些发酵终产物,而正常情况下这些终产物在瘤胃中并不存在。例如,把瘤胃产琥珀酸拟杆菌进行体外纯化培养,会发现这种细菌能够产生大量琥珀酸。而在正常瘤胃中则几乎检测不到琥珀酸。而当把新月单胞菌和产琥珀酸拟杆菌在体外混合培养时,则检测不到琥珀酸。得到这种试验结果的可能性有两个:一是在体外进行纯化培养的产琥珀酸拟杆菌的代谢规律与瘤胃中的不同;二是琥珀酸被瘤胃中其他细菌作为发酵基质利用,即在瘤胃发酵过程中琥珀酸只是中间产物。由于体外培养条件与瘤胃环境条件非常相近(除了瘤胃中存在其他微生物以外),因此第一种可能性是不存在的。这只能说明,瘤胃中的新月单胞菌把琥珀酸作为发酵基质利用了。瘤胃细菌之间的这种关系被称为产物—基质关系,或者食物链关系。这种关系表明,瘤胃微生物之间并不是杂乱无章的，也不是互不相关的，而是密切联系在一起的。这一特点对于指导反刍动物生产实践具有非常重要的价值。例如，当我们试图调控一种或多种瘤胃微生物时，其他微生物均会不可避免地受到影响。因而调控并不一定有利于饲料消化利用率以及反刍动物生产性能的提高。

2.竞争关系

瘤胃细菌的种类很多，当多种细菌对基质的利用性相近时（或部分相近时），就会发生对基质的竞争作用。瘤胃细菌之间的这种关系被称为竞争关系。但是，由于各种细菌对基质作用的方式有所不同，即各种细菌在瘤胃中分别占据的生态位不同，因此，多种瘤胃细菌能够在瘤胃中共同生存，导致瘤胃细菌的种类具有多样性。多种多样的细菌使各种类型的饲料在瘤胃中的有效发酵有了保证。

八、瘤胃微生物与反刍动物之间的关系

反刍动物提供了适合微生物生长繁殖的瘤胃环境，瘤胃微生物帮助反刍动物消化饲料营养成分，特别是纤维性饲料的营养成分。同时瘤胃微生物本身随着瘤胃内容物流入后部消化道，作为营养物质被反刍动物消化利用。因此，瘤胃微生物与反刍动物之间是共生关系。长期的生物进化导致了反刍动物与微生物之间共生关系的形成。反刍动物的瘤胃微生物区系是反刍动物在生长发育过程中自动建立起来的，并不需要人为的帮助。因此，这种关系非常稳定，不容易因人为的影响而改变。在生产实践中，瘤胃微生物生长繁殖得好，反刍动物生产性能才能够得到很好的发挥。而瘤胃微生物生长繁殖差，反刍动物生产性能也肯定会受到不良影响。试图通过改变瘤胃微生物区系，提高反刍动物生产性能的很多调控，结果往往是顾此失彼，使瘤胃消化发生异常，很难保证调控一定能够有利于提高饲料利用率和动物生产性能。

九、利用生物技术能否改善瘤胃微生物的功能

瘤胃微生物可以发酵分解纤维素、半纤维素，这是反刍动物可以消化粗饲料的基础，但反刍动物对粗饲料的消化率很低，一般仅45%左右。微生物消化利用纤维素的基础是可以产生纤维素酶类。各种酶的产生是由相应的基因控制的。少数瘤胃微生物分解纤维素的能力较强，是否可以把相关基因分离出来，转移到多种瘤胃微生物体内，以培养分解纤维素能力更强的菌类？

针对这一想法，需要考虑很多问题。相关基因在其他微生物体内能否得到表达？如果可以表达，这些细菌的其他特性会有什么变化？这些变化对提高动物的

生产性能是否一定有利？瘤胃是一个开放的系统。每一种微生物都占有一定的生态位。也许经转基因的细菌单独进行培养时，可以发挥作用，但放入瘤胃中，与现有的微生物群体关系如何？在不同微生物的竞争中能否生存下来并且发挥作用？对其他微生物的生存及功能是否会造成不良影响？瘤胃是一个开放的系统，外源微生物不断进入瘤胃，这些微生物与经转基因的微生物关系如何？如果这些微生物可以生存下来，它们的产物对寄主动物是否会产生不良影响？这些动物用做人类的食品是否安全？

Hungate(1984)指出，这种尝试不可能成功。现有瘤胃微生物的生态区系对粗饲料的消化利用应该是最有效的，这是几百万年来的进化结果。如果有更有效的微生物，瘤胃中早就应该存在了。加拿大 Teather 和 Ohmiya(1991)研究了瘤胃纤维素酶体系的分子遗传学，希望通过转基因技术培育新的微生物，充分发挥瘤胃细菌消化纤维素的能力。Gregg 和 Sharpe(1991)希望通过转基因技术提高瘤胃微生物的脱毒能力。利用基因工程技术也许能够培育出新的细菌，这些细菌在体外进行纯化培养时也许能够发挥较好的作用(人工环境)，但是放入瘤胃中可能就不能够生存或不能发挥作用(自然环境)。

第三节　反刍动物唾液分泌及对瘤胃发酵的影响

牛、羊等反刍动物是草食动物。与非反刍动物猪相比，牛、羊有很多突出的特点。例如，牛、羊可以有效地消化麦秸、玉米秸和稻草等纤维性饲料；可以利用尿素作为蛋白质代用品；对棉籽中的毒素棉酚的耐受力较强等。而猪则主要以粮食或粮食的副产物作为饲料，其消化利用秸秆的能力较差。牛、羊与猪的消化道结构存在明显差别。牛、羊的胃由瘤胃、网胃、瓣胃和真胃四个部分组成。猪只有一个胃。牛、羊的真胃和猪的真胃的消化特点很相似。因此，牛、羊与猪对饲料消化的差别主要是牛、羊的瘤胃、网胃和瓣胃所造成的。

一、反刍动物唾液分泌量

(一)不同反刍动物的采食、反刍

成年牛每天采食时间为 8 h 左右，反刍时间为 8～11 h，每个食团反刍 40～50 次。因此，牛每天大约有 2/3 的时间都用在了采食饲料和反刍活动上。反刍活动是牛能够有效消化纤维性饲料的重要原因。

影响反刍动物采食时间和反刍时间的主要因素是饲料种类和加工处理方式。

精料体积小、比重大，反刍动物采食速度快，反刍时间短。粗饲料体积大、比重轻，反刍动物采食速度慢，反刍时间长。饲料颗粒越小，反刍动物采食速度就越快，反刍时间就越短。因此饲料过细加工有可能造成饲料消化率下降。在生产中，对粗饲料进行粒化处理，往往导致反刍动物饲料消化率下降，而饲料加工成本提高。从经济效益的角度来考虑，这是非常不经济的。但是，饲料的结构太粗糙，可以提高反刍动物的反刍时间，但采食量会下降。因此，对饲料进行适当的加工处理，使饲料保持一定颗粒的大小，对于提高饲料利用效率、降低饲料加工处理成本非常重要。对于秸秆类粗饲料，进行压扁、切短或揉搓处理，使饲料长度保持在 3～5 cm，是比较理想的。

(二)绵羊和牛的唾液分泌量

反刍动物在采食和反刍过程中，可产生大量唾液。成年牛每天可分泌大约 100 L 唾液。成年绵羊每天大约可分泌 7 L 唾液。反刍动物的唾液分泌量受采食时间和反刍时间的影响。采食和反刍时间越长，唾液的分泌量就越多。

二、反刍动物唾液的成分与特性

早期对反刍动物唾液成分的研究主要考虑了唾液分泌量和矿物质成分(McDougall，1948；Kay，1966)。反刍动物的唾液成分可以分为无机物和有机物两部分。早在 1948 年，McDougall 就分析了绵羊唾液的主要成分，并提出了人工唾液配方。

(一)无机成分及酸碱性

每 100 mL 绵羊混合唾液含有干物质 1.0～1.4 g、灰分 0.7～0.9 g、Na 370～462 mg、K 16～46 mg、Ca 1.6～3.0 mg、Mg 0.6～1.0 mg、P 37～72 mg、Cl 25～43 mg。其中 P 以 HPO_4^- 的形式存在，二氧化碳以 HCO_3^- 的形式存在。每 100 mL 混合唾液含有二氧化碳 117～283 mg。绵羊唾液呈弱碱性，pH 为 8.4～8.7。McDougall 在分析了绵羊唾液成分的基础上，提出了人工唾液配方：$NaHCO_3$ 9.8 g/L，$Na_2HPO_4 \cdot 12H_2O$ 9.3 g/L，NaCl 0.47 g/L，KCl 0.57 g/L，$CaCl_2$ 0.04 g/L，$MgCl_2$ 0.06 g/L。但是，由于受当时科学发展水平的局限性，尚不清楚唾液中的其他生物活性成分。

(二)生物活性成分

近年来的研究表明，反刍动物唾液中除了含有大量无机物以外，还含有大量生物活性物质。例如，IGF-Ⅰ、促胃液素、胰岛素、胰高血糖素、甲状腺素及表皮生长因子。胥清富等(2001)研究还表明，向体外发酵人工瘤胃中添加水牛唾液，可使饲料干物质消失率(dry matter disappearance rate)和酸性洗涤纤维(acid detergent fibre,ADF)消失率分别提高 19.95% 和15.20%,使微生物蛋白质浓度提高 5.68%,总 VFA 浓度提高 8.42%,而对乙酸/丙酸的摩尔比例没有影响。另有报道,瘤胃液中存在雌二醇、孕酮、睾酮、胃泌素、皮质醇等激素(陈杰等,2004)。据分析,这些激素均可能来自反刍动物唾液。因此,反刍动物唾液是瘤胃中激素的重要来源之一。

三、唾液分泌对瘤胃发酵的影响

反刍动物唾液中含有大量缓冲盐类,使唾液呈弱碱性,同时,唾液还含有大量生物活性物质。随着反刍动物的采食和反刍活动的进行,大量唾液不断地流入瘤胃中,唾液中的缓冲盐类、生物活性物质和水分对瘤胃微生物及瘤胃环境就会产生一定影响。首先,缓冲盐类能够对碳水化合物发酵产生的 VFA 进行缓冲,对瘤胃内容物的 pH 值产生调节作用,使瘤胃内容物 pH 值升高,另外,加上瘤胃上皮对 VFA 的吸收作用和瘤胃内容物的持续外流,使瘤胃内容物的 pH 值保持在 6.0~7.0,为瘤胃微生物的生长提供了适宜的生长繁殖环境,使瘤胃微生物能够发酵饲料,促进反刍动物对粗饲料的消化利用;其次,唾液中的生物活性物质能够调节瘤胃微生物的生长繁殖和活性,进而影响饲料营养成分在瘤胃中的发酵和代谢过程。体外试验证明,雌二醇能够造成脱氢酶活性下降、VFA 产量下降。孕酮能够促进总脱氢酶活性升高、VFA 增加、氨氮增加。睾酮能够使总脱氢酶活性升高,VFA、丙酸和微生物粗蛋白合成量增加。胃泌素使 VFA 产量增加、微生物蛋白增加。另外,唾液中的水分也是调控瘤胃环境的重要因素。成年牛每天的唾液分泌量为 30~100 L,成年绵羊的唾液分泌量为 5 L 左右。这些水分进入瘤胃后,除了一部分通过瘤胃上皮被吸收外,另一部分从瘤胃中流入后部消化道,提高了瘤胃内容物的稀释率(dilution rate),减少了瘤胃原虫对细菌的吞食作用,促进瘤胃微生物蛋白质合成效率的提高,并且影响瘤胃内容物的其他指标。因此反刍动物持续分泌的唾液对调控瘤胃发酵具有重要作用。

四、唾液盐在生产中的应用

进行集约化饲养的高产奶牛,需要补充大量的精料混合料,以保持其生产水平。日粮的精料/粗料比例往往高达 50∶50。日粮的精料比例太高往往造成瘤胃酸度过高。瘤胃酸度过高会造成几个方面的危害:一是抑制瘤胃微生物的活性,导致纤维性饲料消化率下降;二是使瘤胃上皮受到腐蚀,造成瘤胃上皮的损伤,缩短奶牛的利用年限;三是诱发其他代谢疾病。因此,在高精料日粮条件下,使瘤胃的

pH 值保持在正常范围内非常重要。向日粮中添加唾液盐以提高瘤胃内容物对酸度的缓冲能力是生产中最常用的措施。在奶牛生产中，经常使用的缓冲盐是碳酸氢钠（小苏打）。一般情况下，每头奶牛的饲喂量为 50～100 g/d。有研究表明，向奶牛日粮中添加 3.84%碳酸氢钠能够缓冲瘤胃酸度，提高产奶量和乳脂产量（Stanley 等，1969）。向绵羊日粮中添加唾液盐（5.7%～11.4%）也能够调控瘤胃发酵，使瘤胃液稀释率提高，乙酸摩尔比例提高（Thomson 等，1978）。向反刍动物日粮中添加唾液盐还能够提高瘤胃液的渗透压，促进动物饮水，提高瘤胃内容物的外流速度，有利于微生物蛋白质合成效率的提高。

第四节　瘤胃内容物的特性

反刍动物的瘤胃中生活着大量的细菌、原虫和厌氧真菌。反刍动物采食饲料、饮水，微生物对饲料进行发酵，反刍动物分泌大量唾液流入瘤胃，同时瘤胃发酵的部分产物通过瘤胃上皮不断被吸收，瘤胃内容物不断流入真胃和小肠。这些因素的相互作用达到一定平衡，就使得瘤胃内容物产生一些相对稳定的特性。

一、温度

牛的正常体温非常稳定，为 38.5℃左右。反刍动物的体温是影响瘤胃内容物温度的重要因素。一般情况下，瘤胃内容物的温度为 38～41℃，平均为 39℃。瘤胃内容物的温度还受很多其他因素的影响，特别是饲料和饮水温度。饲料和饮水温度较低，反刍动物瘤胃内容物温度就会下降。有研究表明，牛饮用温度为 25℃的饮水，可使瘤胃内容物的温度下降 5～10℃，而后大约需要 2 h 才能使瘤胃温度升高到正常范围。赵广永等（1996）应用短期发酵人工瘤胃技术，模拟了反刍动物饮水温度对饲料发酵产气量的影响。试验设置了 12℃、20℃、30℃、39℃和 50℃ 5 个处理。每组处理按处理温度发酵 2 h 后，将温度调至 39℃。结果表明，发酵最初 2 h 的温度对饲料产气量具有显著影响。39℃处理组产气量最多，30℃次之，然后是 20℃和 12℃两组，50℃处理产气最少。这表明，39℃左右是最适合瘤胃内饲料发酵的温度，这是反刍动物长期进化的结果。因此，饲料和饮水温度对于饲料在瘤胃中的发酵利用率具有重要影响。

瘤胃内容物的正常温度特征对反刍动物的饲养管理具有重要的指导价值。正常情况下，每天每头牛的饮水量为 30～100 L，羊的饮水量为 2～10 L。如果由于某种原因，反刍动物的饮水量不足，则可导致反刍动物采食量不足，进而影响生产性能的发挥。很多生产单位非常重视反刍动物的饲料，但往往忽视饮水问题。在寒冷的冬季，饮水结冰或者温度很低，导致动物饮水严重不足。这不仅影响动物的采食量，而且冷水被动物饮用后，还会造成几个不利的后果：①冷水到达瘤胃以后，瘤胃内容物的整体温度下降，抑制了瘤胃发酵，造成饲料消化率的下降。②冷水会在体温的影响下，逐渐升高到瘤胃内容物的正常温度，而这个升温过程需要消耗能量，这些能量最终还是来自于饲料，这也会造成饲料利用率的下降。③高产奶牛每天的产奶量为 20～40 kg，而牛奶中 85%左右为水分。如果饮水不足，则奶牛难以发挥产奶潜力。④冷水对于反刍动物是不良刺激，影响其生产性能的发挥。因此，在寒冷的冬季，给反刍动物提供 40℃左右的饮用水比较合适。在炎热的夏季，饮水除了可以补充反刍动物身体所需要的水分以外，还可以起到防暑降温的作用。因此，应该尽量供给清洁的凉水。总之，生产单位应该像重视饲料那样重视反刍动物的饮水。

二、pH 值

饲料碳水化合物在瘤胃中被微生物发酵，产生大量 VFA。反刍动物在采食和反刍过程中不断分泌大量弱碱性的唾液流入瘤胃。瘤胃上皮细胞不断吸收瘤胃液中的 VFA，进入血液。瘤胃内容物不断流入后部消化道，这几个方面因素综合作用，达到一定平衡，就导致瘤胃内容物的 pH 值达到相对稳定的范围。正常情况下，反刍动物的瘤胃 pH 值为 6.0～7.0，呈弱酸性。

瘤胃 pH 值并不是不变的，而是受很多因素的影响而不断发生变化。首先，反刍动物的日粮组成对于瘤胃 pH 值具有重要影响。日粮精料比例提高、粗料比例下降，会导致瘤胃 pH 值下降；而精料比例下降、粗料比例提高，则导致瘤胃 pH 值升高。这是因为，精料（特别是淀粉含量较高的饲料）在瘤胃中发酵速度快，产生 VFA 速度快、数量多，导致瘤胃 pH 值下降。而粗料中纤维素等碳水化合物含量高，在瘤胃中发酵速度慢，产生 VFA 速度慢、数量少。因此，相对而言，会导致瘤胃 pH 值偏高。而瘤胃 pH 值的高低对于瘤胃微生物活性（特别是纤维分解菌）、饲料消化率和瘤胃健康具有重要影响。这一点对于奶牛的日粮配合具有重要指导价值。众所周知，奶牛的产奶量大，营养物质需要量多。对于产奶高峰期的高产奶牛，提高营养物质的供应量是发挥奶牛生产潜力的基础，而提高日粮精料比例、降低粗料比例是提高日粮营养水平的主要措施。但是，精料/粗料比例的提高往往造成瘤胃 pH 值下降，严重时可下降到 6.0 以下，这样就会产生三个不利的结果：①纤维分解菌的活性受到影响，降低了粗料消化率；②可能会造成瘤胃酸中毒，使瘤胃上皮细胞受到不良影响，导致瘤胃功能下降；③可能会诱发乳房炎和蹄叶炎等。所以，在生产实践中，奶牛日粮的精料比例一般不得高于 55%，粗料比例不得低于 45%。在北美洲，肉牛育肥日粮的精料比例有时高达 80%以上，使用高精料的主要目的是加快肉牛体脂肪的沉积、提高牛肉的嫩度。这种日粮对于饲料消化率和瘤胃上皮健康当然不利，但是由于肉牛很快被屠宰，所以不像奶牛那样，需要考虑重复利用的问题。

在日粮组成一定的情况下，瘤胃 pH 值还受饲喂次数和采食时间的影响。反刍动物采食后，瘤胃 pH 值先下降，后逐渐升高。这是因为，饲料刚到达瘤胃时，碳水化合物发酵产生 VFA 的速度快、数量多。而随着时间的延长，饲料碳水化合物发酵产生 VFA 的速度下降、数量减少，因而导致了瘤胃 pH 值的波动。

三、相对无氧的环境

瘤胃内容物中一般很少有氧气存在，相对来讲，瘤胃是一个无氧环境。瘤胃微生物的正常生长繁殖需要无氧环境，所进行的是厌氧发酵。因此瘤胃的这一特点正好满足了微生物的需要。但是，反刍动物在采食和饮水过程中，会把少量的氧气带入瘤胃。因此，瘤胃内容物中有时可检测到少量氧气。少量氧气并不会影响瘤胃微生物的活动，也不会影响瘤胃发酵。但是，当大量氧气进入瘤胃时，可能会导致瘤胃发酵异常。例如，装有瘤胃瘘管的反刍动物，由于某种原因，瘤胃瘘管的盖子长时间脱落，就会导致瘤胃发酵异常。反刍动物的主要特征是，瘤胃 pH 值下降到 5.8 左右，采食量显著下降，或只采食少量优质干草，精神委靡不振。大约需要 1 周，才恢复正常。瘤胃内容物中的氧气含量可用氧化还原电位来进行表示。

四、缓冲能力

反刍动物产生的唾液含有大量盐类，主要包括碳酸盐和磷酸盐。这些唾液盐导致唾液呈弱碱性。反刍动物分泌的唾液不断地流入瘤胃，由于瘤胃内容物含有大量缓冲盐，因而瘤胃内容物对于酸碱物质具有一定的缓冲能力。当饲料成分的 pH 值为 6.8～7.8 时，瘤胃内容物可对其很好地缓冲，使瘤胃内容物的 pH 值保持在正常范围之内。但是，如果饲料成分的 pH 值超出这一范围，瘤胃内容物的缓冲能力就不能很好地发挥作用，导致瘤胃 pH 值受到很大影响。反刍动物的日粮特性、饮水量以及饲养管理方式对瘤胃内容物的缓冲能力均有很大影响。瘤胃内容物的缓冲能力还受唾液成分以及瘤胃中 VFA 等因素的影响。在生产实践中，饲喂反刍动物酸度或碱度较强的饲料，对于饲料的消化利用以及保持瘤胃的消化功能是极为不利的。为了提高奶牛瘤胃的酸碱缓冲能力，通常在奶牛日粮中添加碳酸氢钠，数量一般为 50～100 g/d。

五、渗透压

渗透压(osmotic pressure)是反映瘤胃液离子浓度的指标。渗透压以渗透摩尔来表示(Osmoles)。一个渗透摩尔(1 000 个毫渗透摩尔,mOsm)含有 6×10^{23} 个溶解离子。渗透压来自于离子对水分子的吸引力。通常使用溶液冰点降低的程度来表示。溶液的冰点每下降 1.86℃相当于 1 000 mOsm/kg。瘤胃液渗透压对于瘤胃上皮对营养物质及水分的吸收具有重要影响。瘤胃内容物的渗透压一般为 260～340 mOsm/kg,平均为 280 mOsm/kg。高渗透压对于瘤胃功能有不良影响,渗透压为 350～380 mOsm/kg 可使动物停止反刍。体外试验表明,渗透压为400 mOsm/kg 时,饲料纤维素消化率下降。

影响瘤胃液渗透压的因素包括日粮组成、饮水和饲养管理方式。日粮中精料比例提高、粗料比例下降,可导致瘤胃液渗透压升高。饮水可导致渗透压下降。饲喂前瘤胃液渗透压通常较低,而饲喂后瘤胃液渗透压逐渐升高。随着饲喂后时间的延长,瘤胃液渗透压下降。

六、瘤胃中的气体

饲料营养成分在瘤胃发酵过程中,会有大量二氧化碳和甲烷产生。其中二氧化碳可占 65.5%左右,甲烷占 28.8%左右,其余气体包括氮气、氧气和氢气。氧气一般占气体总量的 0.1%～0.5%。二氧化碳和甲烷是温室气体,随着反刍动物的嗳气,这两种气体释放到大气中,这是造成地球温室效应加重的重要原因之一。

第二章 碳水化合物在瘤胃中的代谢规律

第一节 碳水化合物的组成与分类

反刍动物是草食动物。植物性饲料是反刍动物主要饲料来源。植物性饲料主要包括粗饲料、能量饲料和蛋白质饲料。粗饲料是指粗纤维含量在18%以上、粗蛋白含量在20%以下的饲料。能量饲料是指粗纤维含量在18%以下、粗蛋白含量在20%以下的饲料。蛋白质饲料是指粗纤维在18%以下、粗蛋白在20%以上的饲料。常见的反刍动物粗饲料主要包括麦秸、玉米秸、稻草、干草、青贮玉米、青草等饲料。能量饲料主要包括玉米、大麦、小麦等谷物的籽实。蛋白质饲料主要包括豆粕、棉籽粕、菜籽粕、胡麻粕等饼粕类饲料。

一、碳水化合物的组成

植物性饲料的碳水化合物含量一般为75%左右。碳水化合物主要包括纤维素、半纤维素、果胶、果聚糖和淀粉及其他碳水化合物。其中纤维素含量最多，少量植物含有一定数量的双糖（如蔗糖）和少量葡萄糖。碳水化合物是瘤胃微生物和反刍动物的主要能量来源。粗饲料碳水化合物的纤维素、半纤维素和木质素含量较高，而淀粉和可溶性糖含量较少。能量饲料的淀粉和可溶性糖含量较高，而纤维素、半纤维素和木质素含量较少。一般情况下，粗饲料的瘤胃降解率较低，而能量饲料的瘤胃降解率较高。

二、碳水化合物的分类

1. 根据化学成分分类

根据碳水化合物的结构，可以分为结构性碳水化合物和非结构性碳水化合物。结构性碳水化合物主要包括纤维素、半纤维素、木质素和果胶。非结构性碳水化合物主要包括淀粉和糖。碳水化合物中的纤维素、半纤维素和木质素合称为中性洗涤纤维（NDF）。纤维素、木质素合称为酸性洗涤纤维（ADF）。与酸性洗涤纤维相比，中性洗涤纤维中包含了半纤维素。这种根据碳水化合物的化学成分进行分类的方法是一种纯化学分类方法，没有考虑到反刍动物以及瘤胃微生物对饲料成分的利用情况。尽管纤维素、半纤维素、木质素、淀粉的含量能够在一定程度上代表碳水化合物的可利用情况，但是并不能准确地反映实际可利用情况。

2. 净碳水化合物-蛋白质体系的分类方法

早在 20 世纪 90 年代，美国康奈尔大学提出了反刍动物的净碳水化合物和蛋白质体系（CNCPS），用来评定反刍动物饲料碳水化合物和含氮化合物的营养成分。该体系把饲料碳水化合物分为四部分：CA 为可溶性糖类，在瘤胃中可快速降解，发酵速度为 100%～300%/h；CB1 为淀粉，为中速降解成分，发酵速度为 5%～40%/h；CB2 为可利用细胞壁，为缓慢降解成分，发酵速度为 5%～10%/h；CC 为不可利用细胞壁。碳水化合物的不可消化纤维为木质素含量×2.4。尽管碳水化合物的各种成分均通过化学分析和使用缓冲液在体外进行分析测定，但是，应用该体系所测定的指标能够很好地反映碳水化合物组分在瘤胃中被发酵的情况。该体系对碳水化合物进行分类的最大特点是把碳水化合物组分与瘤胃发酵相结合。

可以通过对饲料粗蛋白、粗脂肪、粗灰分、木质素、中性洗涤纤维、淀粉和中性洗涤剂不溶蛋白的测定而计算得到 CNCPS 的饲料碳水化合物组分。计算方法如下：

CHO＝100－CP－EE－ASH
CC＝LIGNIN×2.4
CB2＝NDF－NDIP－LIGNIN
CNSC＝CHO－CB2－CC
CB1＝STARCH
CA＝CNSC－STARCH

其中:CHO为碳水化合物,CP为粗蛋白,EE为粗脂肪,ASH为粗灰分,CC为不可利用纤维,LIGNIN为木质素,NDF为中性洗涤纤维,CNSC为非结构性碳水化合物,STARCH为淀粉。所有指标的计量单位均为%/DM。

第二节　碳水化合物在瘤胃中的发酵

一、碳水化合物在瘤胃中发酵及终产物

1.瘤胃中的酶

反刍动物唾液中并没有淀粉酶存在,但是Nasr(1950)从瘤胃液中发现了α-淀粉酶。另外,Hobson和MacPherson(1952)从瘤胃细菌中分离出淀粉酶;Bailey和Roberson(1962)从瘤胃细菌中分离出异麦芽糖糊精酶;Bailey(1963)从细菌中分离出了细胞外α-半乳糖酶、淀粉酶、蔗糖酶和蔗糖磷酸化酶;Stanley和Kesler(1959)从细菌中分离出了纤维水解酶;Gillard(1965)从细菌中分离出半纤维素水解酶。这些酶均是瘤胃微生物产生的,是碳水化合物在瘤胃中发酵的基础。

2.碳水化合物在瘤胃中的发酵及产物

在常温常压条件下,碳水化合物的水解需要在酶的催化作用下进行。反刍动物本身并不能够产生碳水化合物水解酶类,但是瘤胃微生物可以产生这些酶类,使得反刍动物能够借助于瘤胃微生物的作用,将采食的饲料碳水化合物发酵转化。例如,纤维素首先被瘤胃微生物水解为纤维二糖,然后进一步水解为葡萄糖。半纤维素首先水解为戊二糖,然后进一步水解为葡萄糖。淀粉首先被水解为麦芽糖,然后被水解为葡萄糖。果胶和果聚糖也能够被水解为葡萄糖。各种碳水化合物发酵产生的葡萄糖继续被发酵,产生丙酮酸。再经过一系列的变化,发酵产生甲酸、乙

酸、丙酸、丁酸和戊酸等 VFA(图 2.1)。这些过程均是在瘤胃微生物酶的作用下完成的。从上述过程可以看出，任何一个环节的变化，都可能会导致碳水化合物发酵速度和发酵类型以及发酵产物的变化，因此调控瘤胃发酵的各种手段有可能影响酶的活性、发酵过程及发酵产物的数量与组成。

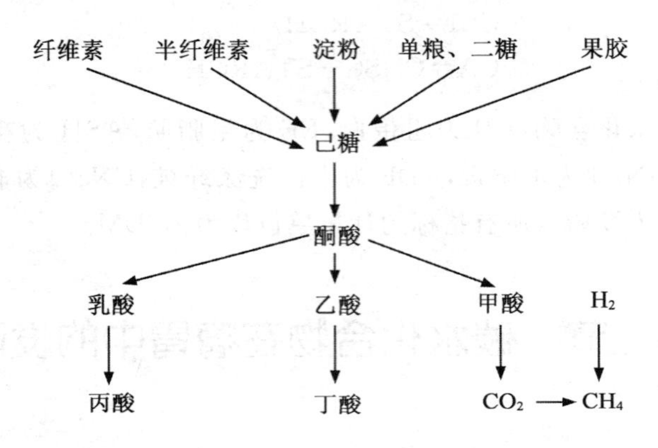

图 2.1 碳水化合物在瘤胃中的代谢过程

碳水化合物发酵是在无氧环境条件下进行的，这种无氧发酵奠定了瘤胃微生物与反刍动物之间共生关系的基础。也就是说，瘤胃微生物能够把饲料中的碳水化合物发酵，产生 VFA 和三磷酸腺苷(adenosine triphosphate，ATP)，反刍动物吸收 VFA，用做维持生命和生产的能源，而 ATP 则被瘤胃微生物用做自身生长发育的能源。瘤胃微生物不能利用 VFA 作为能源。这一特点深刻地反映了瘤胃微生物和反刍动物之间的共生关系和分工。假如瘤胃发酵是有氧发酵，或者瘤胃微生物能够利用 VFA 作为能量来源，则饲料碳水化合物转化的终产物必定是二氧化碳和水。这样饲料经过瘤胃消化过程后，反刍动物本身就没有了能量来源，这样也就失去了反刍动物与瘤胃微生物共生的基础。

碳水化合物在瘤胃中发酵的主要终产物为 VFA，另外还包括二氧化碳、氢气和甲烷等产物。瘤胃中的 VFA 主要包括甲酸、乙酸、丙酸、丁酸、异丁酸、戊酸、异戊酸和己酸等。其中以乙酸、丙酸、丁酸为主，这三种酸大约占 VFA 总量的 95%。因此，一般情况下，主要测定乙酸、丙酸和丁酸这三种 VFA，就能够较好地反映碳水化合物在瘤胃中的发酵情况。另外，很多研究报告中经常使用乙酸/丙酸的摩尔浓度比例来反映瘤胃发酵的类型。

以葡萄糖为例，碳水化合物在瘤胃中的发酵产生 VFA 的情况如下（Ørskov 和 Ryle，1990）：

$C_6H_{12}O_6 + 2H_2O \longrightarrow 2CH_3COOH$（乙酸）$+ 2CO_2 + 4H_2$

$C_6H_{12}O_6 + 2H_2 \longrightarrow 2CH_3CH_2COOH$（丙酸）$+ 2H_2O$

$C_6H_{12}O_6 \longrightarrow CH_3CH_2CH_2COOH$（丁酸）$+ 2CO_2 + 2H_2$

与此同时，瘤胃中的产甲烷细菌（methanogenic bacteria）可以利用碳水化合物发酵产生的二氧化碳和氢气合成甲烷。

$4H_2 + CO_2 \longrightarrow CH_4$（甲烷）$+ 2H_2O$

反刍动物瘤胃甲烷的产生不仅造成了大量饲料能量的损失，而且对于地球的温室效应也非常不利。为了评价瘤胃甲烷产生对饲料能量利用效率和对地球温室效应的影响，必须准确地测定瘤胃甲烷的产量。由于测定瘤胃甲烷需要花费大量的人力、物力，因此在生产实践中不可能实际测定所有反刍动物的甲烷产量。解决这一问题的可能途径是，根据试验研究所建立起来的数学模型预测反刍动物瘤胃甲烷产量。

二、影响饲料碳水化合物发酵及 VFA 产量的因素

从碳水化合物在瘤胃中的代谢途径可以看出，任何影响代谢途径的因素，均可能影响 VFA 产量及不同 VFA 的摩尔比例。在生产实践中，影响饲料碳水化合物在瘤胃中发酵产生 VFA 的因素主要包括日粮组成和营养成分、饲料物理结构、加工处理方法、饲喂方式以及饲料添加剂等因素。

1. 日粮组成和营养成分

能量饲料（如玉米、大麦等）的淀粉和可溶性糖含量较高，在瘤胃中发酵速度快，VFA 总产量多，且丙酸较多而乙酸较少。粗饲料的纤维素和半纤维素含量较高，在瘤胃中发酵的速度较慢，VFA 总产量较少，且乙酸较多而丙酸较少。以谷物（含淀粉较多）、粗料（含纤维素较多）和糖蜜（含可溶性糖较多）三种典型的饲料为例，其发酵产物见表 2.1。

从表 2.1 可以看出，谷物型日粮在瘤胃中容易被发酵，VFA 总产量多。而粗料型日粮在瘤胃中不容易被发酵，VFA 总产量少。同时谷物型日粮的瘤胃 pH 值较低，粗料型日粮的瘤胃 pH 值较高。瘤胃 pH 值反映了瘤胃中 VFA 浓度的高低。从瘤胃的发酵类型来看，谷物型日粮乙酸/丙酸的摩尔比例较低，而粗料型日粮的摩尔比例较高，这说明谷物型日粮发酵产生的丙酸较多，而乙酸较少，而粗饲料则相反。碳水化合物在瘤胃中被发酵产生的乙酸、丙酸和丁酸大约占总 VFA 的 90%以上。一些试验研究表明，瘤胃中的 VFA 被吸收进入血液以后，丙酸被用

表 2.1 不同日粮瘤胃发酵的 VFA 总量及比例

指标	谷物*	粗料**	糖蜜***
牛头数	4	3	4
瘤胃 pH	6.1	7.1	6.6
总 VFA/(mmol/L)	157	82	132
VFA 的摩尔分数			
乙酸	44.9	76.2	49.7
丙酸	42.7	15.2	21.3
丁酸	5.8	7.4	25.7
异丁酸	1.3	0.4	0.3
戊酸	2.2	0.2	2.8
异戊酸	2.0	0.3	0.2
己酸	0.7	—	0.7

来源：Preston (1972). * 熟玉米片(40%)和碾压燕麦(40%)；** 劣质干草；*** 80%的糖蜜和 15%的干草。

于反刍动物体脂肪合成的效率较高，而乙酸被用于合成乳脂肪效率较高。在生产实践中，利用这一规律具有重要意义。在肉牛生产中，在经济条件允许的情况下，适当提高日粮的能量饲料比例，有利于肉牛体脂肪的沉积。而在奶牛生产中，改善奶牛粗饲料质量，提高奶牛的粗饲料采食量，对于提高奶牛的乳脂率具有重要意义。影响瘤胃乙酸/丙酸摩尔比的因素很多，包括精粗料比例、饲料加工处理及饲养方式等。根据反刍动物的具体情况，对其饲料及饲养方式进行调控是改变瘤胃发酵类型的重要手段。对发酵类型调控的目的，一是要提高碳水化合物在瘤胃中的发酵效率和反刍动物对饲料的消化率；二是根据具体的生产目的，调控动物产品的组成。

2. 采食时间

表 2.2 显示了绵羊采食后瘤胃液中 VFA 浓度的变化规律。

从表 2.2 可以看出，反刍动物采食后，瘤胃液中 VFA 浓度逐渐上升，达到最高浓度后逐渐下降。这是因为瘤胃液中 VFA 浓度取决于产生的速度、通过瘤胃上皮吸收的速度以及随瘤胃液外流的速度。反刍动物采食饲料后，瘤胃中 VFA 产生速度很快，而随着可发酵碳水化合物的减少，VFA 产生速度下降。从表 2.2

还可以看出，苜蓿的可发酵程度高于小麦秸。

表 2.2　绵羊采食后瘤胃液 VFA 浓度的变化　mmol/L

时间	苜蓿				小麦秸			
/h	总 VFA	乙酸	丙酸	丁酸	总 VFA	乙酸	丙酸	丁酸
0	93	70	15	15	87	68	18	14
0.5	125	71	17	12	94	65	20	15
1	158	71	17	12	112	62	22	16
2	210	70	19	11	141	59	25	16
3	252	69	19	12	144	59	26	15
4	255	69	19	12	132	58	26	16
6	216	70	19	11	205	59	27	14
8	223	71	19	10	136	60	26	14
12	228	73	17	10	152	64	23	13
16	183	73	16	11	132	67	21	12
20	135	71	16	13	114	68	19	13
24	100	69	17	14	90	70	17	13

来源：Gray 和 Dilgrim，1951。

3. 饲料的加工处理方式

粗料的加工处理方式包括粉碎、揉搓、压扁等机械处理和氨化等化学处理方式。对粗料进行适当的机械处理，能够提高反刍动物的粗料采食量以及粗料在瘤胃中的降解率，因而 VFA 的产量会提高，但是过细的加工处理会造成反刍动物采食和反刍时间缩短，唾液量减少，饲料在瘤胃中停留的时间缩短，最终导致粗料的瘤胃降解率下降，造成 VFA 产量下降。

能量饲料的加工处理方式主要包括粉碎压片和膨化处理。对能量饲料进行适当粉碎处理，能够加快能量饲料的瘤胃发酵速度，使 VFA 产量提高。但是如果粉碎过细，则会导致 VFA 产量增加速度过快，造成瘤胃 pH 值下降，降低纤维性饲料在瘤胃中的降解率。

4. 饲喂方式

传统的奶牛饲喂方式是每天饲喂 2～3 次，采用干草—青贮—精料混合料的饲料供给顺序。这种饲喂方式会造成奶牛挑食饲料、瘤胃中 VFA 浓度有较大波动，不利于饲料的发酵和瘤胃上皮的健康。近年来，现代化奶牛场广泛推广应用全混合日粮技术(total mixed ration，TMR)饲喂奶牛。所谓全混合日粮，就是根据奶牛的消化特点和营养需要设计日粮配方，将所有的饲料原料进行适当加工，并完全混合均匀，使奶牛无法挑食饲料。奶牛所采食的日粮组成均完全相同，使日粮中碳水化合物在瘤胃的发酵速度和 VFA 的产生速度保持稳定。如果同时采用散栏饲养方式，可使瘤胃中 VFA 产生速度和浓度更加稳定。

5. 饲料添加剂

在反刍动物生产中，常用的添加剂包括莫能菌素和小苏打(碳酸氢钠)。研究表明，在肉牛日粮中添加莫能菌素能够改变瘤胃发酵类型，提高丙酸产量，有利于肉牛体脂肪的沉积。在奶牛日粮中添加小苏打能够提高瘤胃内容物的 pH 值，提高纤维分解菌活性，以及粗料的瘤胃降解率和乙酸产量，有利于奶牛乳脂率的提高。

三、VFA 的吸收

1. 吸收位置

日粮碳水化合物在瘤胃中产生的 VFA 主要是通过瘤胃上皮被吸收进入血液的。研究表明，大约有 75％的 VFA 通过瘤胃上皮被吸收，25％ 随着瘤胃内容物从瘤胃中流出，20％在瓣胃和真胃吸收，5％到达小肠，通过小肠被吸收。因此，瘤胃上皮是吸收 VFA 的主要场所。

2. 吸收方式

瘤胃上皮吸收 VFA 的方式是被动吸收。也就是说，吸收速度的快慢取决于瘤胃 VFA 的浓度。由于不同 VFA 的化学结构不同，其通过瘤胃上皮被吸收的速度也存在差异。研究表明，瘤胃上皮对 VFA 的吸收速度顺序为丁酸＞丙酸＞乙酸。

3. 影响 VFA 吸收的因素

主要因素包括瘤胃 VFA 浓度、瘤胃液渗透压和瘤胃 pH 值。随着瘤胃中 VFA 浓度的提高，瘤胃上皮对 VFA 的吸收速度加快。而随着瘤胃液渗透压的升高，瘤胃上皮对乙酸、丙酸和丁酸等 VFA 的吸收速度下降。Thorlacius 和 Lodge(1973)研究了日粮、缓冲液和 pH 值对奶牛瘤胃吸收 VFA 的影响。结果见表 2.3。

表2.3　瘤胃pH值对瘤胃上皮吸收VFA的影响

瘤胃pH	吸收速度/(mL/min)		
	乙酸	丙酸	丁酸
5.36	52.6	116.0	202.7
5.46	68.5	100.8	160.5
平均	60.6	108.4	181.6
6.51	44.7	68.2	96.4
6.57	52.2	55.5	60.4
平均	48.5	61.9	78.4

来源：Thorlacius和Lodge，1973。

从表2.3可以看出，当瘤胃pH值较低时，瘤胃上皮对乙酸、丙酸和丁酸的吸收速度均较快，而当瘤胃pH值升高时，瘤胃上皮对这三种VFA的吸收速度均下降。这一研究结果表明，当pH值降低时，瘤胃VFA的浓度较高，而瘤胃上皮对VFA的吸收方式是被动吸收，因此，吸收速度加快。反之亦然。这可能也说明，在长期的进化过程中，反刍动物形成了一种尽量保持瘤胃酸度稳定的调控机制。当瘤胃VFA浓度较高时，pH值下降，不利于瘤胃发酵，反刍动物通过加快瘤胃上皮对于VFA的吸收，使瘤胃酸度恢复正常状态。

四、瘤胃VFA浓度测定及其意义

饲料碳水化合物在瘤胃中发酵的程度越高，VFA的产量就越多，也就说明饲料的可利用性越高。因此，瘤胃中VFA是需要经常测定的重要指标。但是，由于舍饲反刍动物的采食是非连续进行的，瘤胃VFA的浓度是不断变化的，就需要考虑选择哪一个时间点采集瘤胃液，测定VFA浓度。在多数研究中，测定早晨饲喂后2 h或3 h等时间点的VFA浓度，作为瘤胃VFA浓度的代表值，是经常采用的方法；另有一些研究则每隔一段时间(如2 h)采集一个样品，测定VFA浓度，然后取不同时间点的平均值，作为瘤胃VFA浓度的代表值；也有的研究为了得到具有代表性的VFA浓度参数，采用连续饲喂的装置，将一天的日粮分为12份或24份，每隔2 h或1 h，饲喂一次，并且同时采集瘤胃液，测定VFA浓度，取不同时间点的平均值，作为瘤胃VFA的代表值。通过比较可以看出，第一、二种方法操作方便，但是结果的代表性差；第三种方法操作比较复杂，但代表性较高。

五、瘤胃中 VFA 产量的预测模型

碳水化合物在瘤胃中不断被发酵，产生 VFA。大量 VFA 不断通过瘤胃上皮被吸收，进入血液。同时，VFA 还随着瘤胃内容物的外流到达后部消化道。这三个方面均对 VFA 浓度产生影响。实际上，瘤胃 VFA 浓度是这三个方面相互作用的结果。因此，所测定的 VFA 参数虽然能够反映碳水化合物在瘤胃中的代谢情况，但是并不能代表碳水化合物瘤胃发酵的 VFA 产量。对于正常饲养的反刍动物，测定瘤胃 VFA 的实际产量是衡量碳水化合物可发酵程度的重要指标，但是准确测定这一指标非常困难。因此，通过建立数学模型，对 VFA 产量进行预测，是解决这一问题的重要途径。使用短期发酵人工瘤胃技术，可以非常准确地测定 VFA 的实际产量，能够在一定程度上反映碳水化合物的发酵情况。但是，人工瘤胃的测定结果与动物瘤胃的情况存在很大差异，因此人工瘤胃的测定结果并不能直接作为动物瘤胃的测定结果。

六、奶牛瘤胃酸度过高

1. 发生原因

与其他反刍动物相比，奶牛的生产效率较高。因此，奶牛对于饲养管理条件的要求也相对较高。饲养管理不当，不仅有可能造成奶牛营养物质供应不足，而且有可能造成奶牛瘤胃酸度过高。奶牛瘤胃酸度过高发生的原因主要包括：①饲养管理不当。奶牛饲料不配合饲喂，有什么喂什么；奶牛粗饲料质量太差，导致奶牛粗饲料采食量太少；日粮的精料与粗料分开饲喂，奶牛精料采食量太多等；②饲料加工处理不当。精料特别是玉米等谷物饲料粉碎过细，导致在瘤胃中发酵过快；精料与粗料混合不均匀；③奶牛日粮精粗比例不当。产奶高峰期日粮能量浓度偏低；通过提高日粮的精料比例来满足能量需求；精料比例超过 55% 时，瘤胃 pH 值下降至 6.2 以下，导致瘤胃酸度过高。

2. 瘤胃酸度过高的危害

主要危害包括：饲料消化率下降，瘤胃上皮受到损伤，诱发乳房炎和蹄叶炎以及牛奶酸度偏高等。

3. 预防瘤胃酸度过高

(1)选择优质粗料。不使用劣质粗料，例如未经过加工处理的玉米秸、稻草和麦秸等，尽量使用优质干草、青贮玉米和苜蓿等优质粗料。

(2)合理加工饲料。粗料和精料均不进行过细的加工处理。过细加工处理，不仅造成加工成本升高，而且还造成瘤胃酸度提高和饲料消化率下降。

(3)科学配合奶牛日粮。在配合反刍动物日粮时，不仅要考虑到满足动物对能量、蛋白质以及其他营养物质的需要，而且还要考虑到反刍动物的消化生理特点，特别是瘤胃发酵的规律。最重要的要求是控制日粮的精料和粗料的比例。一般情况下，奶牛日粮的精料比例不能高于55%，而粗料的比例不能低于45%。对于肉牛而言，这一要求也同样适用。但是，在肉牛的快速育肥期，为了提高牛肉的嫩度和增加体脂肪的沉积量，精料的比例可以适当提高。例如，加拿大的育肥肉牛日粮的精料含量可高达80%以上。这显然会造成瘤胃酸度过高的问题。但是，由于肉牛育肥后即被屠宰，不像奶牛有长期利用的问题，所以日粮中的精料的比例可以保持在较高水平。

(4)使用合理的饲喂技术。包括全混合日粮技术的使用以及散放饲养方式的应用。新技术的应用不仅能够满足反刍动物的营养需要，而且有利于保持瘤胃环境稳定，有利于饲料消化率的提高和动物健康。

图 2.2 和图 2.4 分别显示了每天饲喂两次的反刍动物瘤胃氨氮浓度和 pH 值的变化。而如果采用散栏饲养方式(自由采食)，瘤胃液氨氮浓度和 pH 值则趋于平稳(图 2.3 和图 2.5 中虚线所示)。因此，采取散栏饲养方式有利于维持瘤胃环境的稳定。

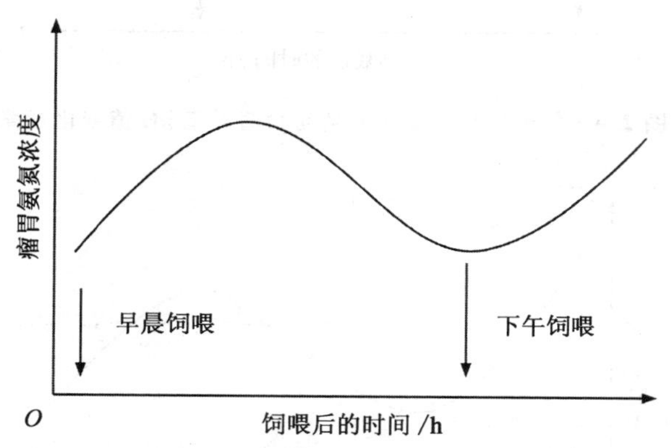

图 2.2　每天饲喂两次的反刍动物瘤胃液中氨氮浓度变化规律

(5)饲喂适量的碳酸氢钠(小苏打)。为了满足高产奶牛对营养物质的需要，日粮的精料比例往往保持较高的水平。为了缓解瘤胃酸度，需经常向饲料中添加一定数量的小苏打。

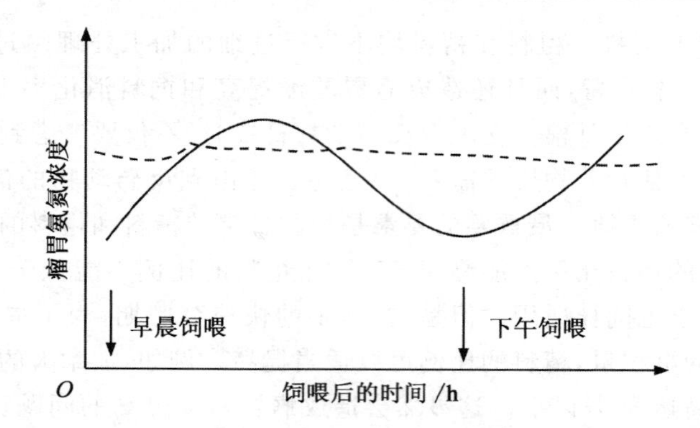

图 2.3 每天饲喂两次及连续饲喂(虚线)的反刍动物瘤胃液中氨氮浓度比较

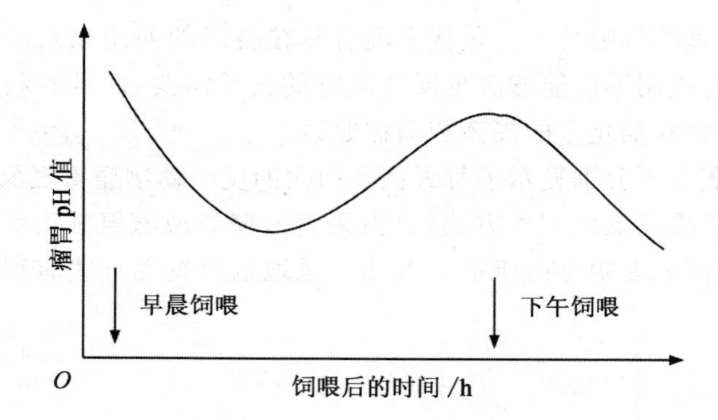

图 2.4 每天饲喂两次的反刍动物瘤胃液 pH 值变化规律

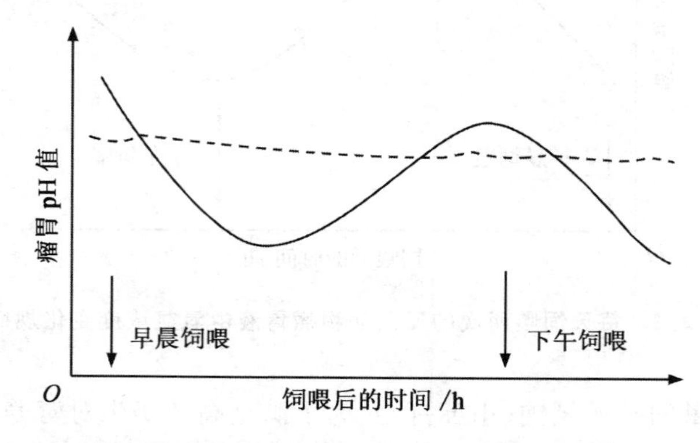

图 2.5 每天饲喂两次及连续饲喂(虚线)的反刍动物瘤胃 pH 值比较

第三章 含氮化合物在瘤胃中的代谢规律

第一节 含氮化合物在瘤胃中的代谢

除了碳水化合物以外，含氮化合物是反刍动物需要的另一类重要营养物质，同时也是瘤胃微生物的重要营养物质。瘤胃中含氮化合物的来源包括日粮和唾液两大部分。含氮化合物的种类包括真蛋白、氨基酸和NPN等。这些化合物到达瘤胃以后，均能够在一定程度上被瘤胃微生物降解转化。

一、日粮含氮化合物在瘤胃中的降解

1. 含氮化合物在瘤胃中降解转化的特点

瘤胃微生物可以产生蛋白质水解酶，在酶的催化作用下，饲料蛋白质可在不同程度上被降解为肽类、氨基酸和氨。在瘤胃中被降解的蛋白质被称为瘤胃可降解蛋白质(rumen degradable protein，RDP)，没有被降解的蛋白质被称为非降解蛋白

质(undegradable protein,UDP)。蛋白质的降解产物可被瘤胃微生物用做原料,合成微生物蛋白质(microbial crude protein,MCP)。微生物蛋白质和饲料非降解蛋白质随着瘤胃内容物一起流入后部消化道,被反刍动物消化吸收。这是含氮化合物在瘤胃中代谢的主要特点。图 3.1 显示了日粮粗蛋白(crude protein,CP)在瘤胃中的代谢特点。

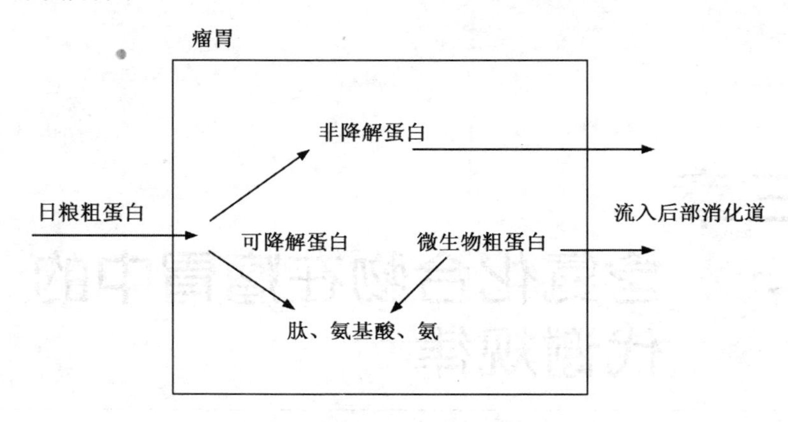

图 3.1 日粮粗蛋白在瘤胃中的代谢特点

2. 影响含氮化合物在瘤胃中降解转化的因素

(1)饲料种类。不同来源的饲料粗蛋白在瘤胃中的降解程度存在很大差异,常见饲料蛋白质的瘤胃降解率(rumen degradability)见表 3.1。

表 3.1 反刍动物饲料粗蛋白的瘤胃降解率

饲料	粗蛋白/%	可降解蛋白/%	非降解蛋白/%
玉米青贮	8.5	73	27
苜蓿干草	20.0	72	28
玉米	10.0	30	70
大麦	11.3	79	21
燕麦	13.5	80	20
小麦	14.6	80	20
啤酒糟	25.6	47	53
酒糟	27.8	38	62

续表 3.1

饲料	粗蛋白/%	可降解蛋白/%	非降解蛋白/%
豆饼	49.0	72	28
鱼粉	64.5	20	80
棉籽饼	68.9	50	50
菜籽饼	40.0	77	23
大豆	41.1	80	20

来源：Chase 和 Sniffen，1989。

从表 3.1 可以看出，在植物性饲料中，除了玉米、啤酒糟、酒糟和棉籽饼的蛋白质降解率较低以外，其他饲料蛋白质的瘤胃降解率均很高。唯一的动物性蛋白质饲料——鱼粉的蛋白质降解率最低。不同饲料蛋白质降解率存在差异的原因是，不同来源蛋白质的种类及结构可能存在差异。

(2)饲料加工处理。对精料进行加热和膨化处理均可使饲料蛋白质的瘤胃降解率有一定程度的下降，加热和膨化处理也是对优质蛋白质饲料进行过瘤胃保护处理的常用方法。对饲料进行粉碎处理，可以增加瘤胃微生物与饲料的接触面积，有利于饲料蛋白质的降解，但是过细粉碎会造成饲料在瘤胃中停留时间缩短，并可能会造成饲料蛋白质降解率的下降。

3. 含氮化合物在瘤胃中降解转化的利弊

优质蛋白质饲料，包括豆饼、花生饼等，即使在瘤胃中不被微生物降解转化，在反刍动物后部消化道也能够被很好地消化吸收，而在瘤胃中被微生物降解转化的过程需要消耗能量，而且会造成部分蛋白质损失，这些优质蛋白质饲料在瘤胃中被降解转化并不利于利用率的提高。因此，有必要对优质蛋白质饲料进行过瘤胃保护处理，降低瘤胃降解率。经过保护处理、不能被瘤胃微生物降解而流入后部消化道的蛋白质被称为过瘤胃蛋白质(by-pass protein)。而质量较差的蛋白质饲料，例如酒糟、胡麻粕、菜籽粕和棉籽粕等，如果不经过瘤胃微生物的降解转化，在反刍动物的后部消化道的消化率较低。因此，在瘤胃中的降解转化对于提高其利用率有利。NPN 如尿素，在瘤胃中被分解产生的氨，可以被微生物利用合成微生物蛋白质，然后在反刍动物后部消化道被消化吸收。而如果尿素在瘤胃中没有被分解转化，流入反刍动物真胃和小肠后，对于动物则没有营养价值。

二、反刍动物尿素循环对瘤胃氮代谢的影响

含氮化合物进入瘤胃后，可被瘤胃微生物降解为氨。一部分氨可以被瘤胃微生物利用合成微生物蛋白质；而另一部分则被吸收进入血液。随血液循环这些氨进入肝脏，在肝脏中被合成尿素。一部分尿素通过肾脏随尿液排出体外，造成氮的损失；而一部分则通过血液循环到达唾液腺，随着唾液分泌进入瘤胃，再次被瘤胃微生物用作氮源，这一过程叫做尿素的唾液循环。循环尿素的数量与血液尿素浓度及唾液分泌量有关。血液中的尿素除了通过唾液循环到达瘤胃以外，还能够通过瘤胃上皮从血液直接到达瘤胃。这被称为尿素通过瘤胃上皮的循环。尿素通过瘤胃上皮的运动方式是简单扩散。当日粮蛋白质采食量相对较低时，循环尿素氮就成为瘤胃内氮素的重要来源。图 3.2 显示了尿素在瘤胃中的代谢及尿素循环。

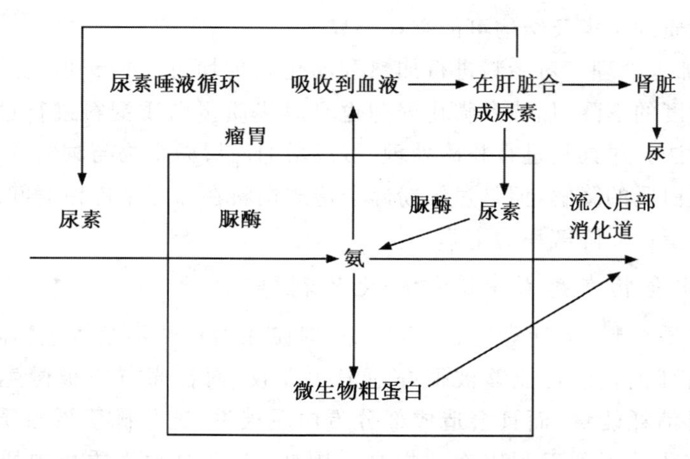

图 3.2　尿素在瘤胃中的代谢及尿素循环

三、瘤胃微生物的生长及其营养价值

瘤胃细菌可以利用日粮蛋白质分解产生的肽、氨基酸和氨合成细菌蛋白质。瘤胃原虫可以吞食细菌、肽类、氨基酸合成蛋白质。瘤胃微生物随着瘤胃内容物流入后部消化道。另外，日粮非降解蛋白和内源蛋白也流入后部消化道，被反刍动物消化吸收，用做蛋白质来源。因此，反刍动物的蛋白质来源包括上述三个部分。如果日粮配合平衡较好，瘤胃微生物蛋白质可占到达反刍动物后部消化道蛋白质数量的 60％～65％，而日粮非降解蛋白质占 35％～40％。由此可见，瘤胃微生物蛋

白质对于反刍动物的蛋白质供应十分重要。为了提高瘤胃微生物蛋白质的合成效率，日粮必须提供一定数量的可降解氮。研究表明，日粮可降解粗蛋白的最低水平为12%～13%，才能满足微生物对氮的需要。

(一)影响瘤胃微生物生长繁殖的因素

1. 能量

饲料中的碳水化合物在瘤胃中被微生物发酵，产生VFA，同时产生ATP。VFA被反刍动物吸收，用做能量来源，ATP被瘤胃微生物用于生长和繁殖。每摩尔可发酵碳水化合物可产生4～5 mol ATP。ATP的产量与日粮中可快速发酵的碳水化合物数量有关。瘤胃微生物的能量需要包括两部分，即维持需要和生长需要。每克瘤胃细菌每小时维持能量需要为0.022～0.187 g碳水化合物。利用非结构性碳水化合物的细菌和利用结构性碳水化合物细菌的维持能量分别为每克细菌每小时需要0.150 g和0.050 g碳水化合物。碳水化合物是大多数瘤胃微生物生长繁殖的主要能源。

2. 含氮化合物

氮素是瘤胃微生物生长繁殖的第二大营养成分。日粮含氮化合物在瘤胃中被微生物降解，产生肽类、氨基酸和氨。这些产物可以被瘤胃微生物用作原料，合成微生物蛋白质。使瘤胃微生物生长繁殖达到最佳效率的重要原则是使可利用能(日粮可发酵能)与可利用氮(日粮可降解氮)达到平衡。

3. 含硫化合物

研究表明，每千克瘤胃微生物物质大约含有8 g硫。这是由于含硫氨基酸是微生物氨基酸的组成部分。因此，硫是瘤胃微生物的必需营养物质。瘤胃微生物的氮、硫比例比较稳定。Harrison和McAllan (1980)报道，这一比例为(8.6～30.8)：1。ARC提出平均值为14：1。硫的形式包括硫酸钠、蛋氨酸等。硫的形式不同，瘤胃微生物对硫的利用效率也不同。因此，为瘤胃微生物或反刍动物补充硫元素时，应考虑到硫的形式。

4. 含磷化合物

DNA和RNA是瘤胃微生物的重要组成成分，磷是DNA和RNA的组成成分。因此磷也是瘤胃微生物生长繁殖所必需的营养成分。磷对于细胞的代谢非常重要。微生物物质中磷的含量为2%～6%。

5. 瘤胃内容物的外流速度

瘤胃内容物外流速度(outflow rate)指单位时间内从瘤胃中流出的瘤胃内容物的数量。在反刍动物营养物质采食量一定的情况下，适当提高瘤胃内容物的外流速度，可以提高微生物蛋白质的合成效率和饲料能量利用效率。这是因为，提高瘤胃内容物外流速度，能够减少原虫对细菌的吞食作用和氮的无效循环，同时减少瘤胃细菌和原虫在瘤胃中维持生命所需要的能量，从而提高微生物物质的合成效率。

(二)瘤胃微生物的组成及其营养价值

1. 瘤胃微生物的化学组成

据报道，瘤胃微生物的营养成分(以干物质计)含量为：粗蛋白 62.5%、碳水化合物 21.1%、脂肪 12.0%、粗灰分 4.4%。含氮化合物不仅含有由氨基酸组成的真蛋白，而且含有非蛋白氮。因此，瘤胃微生物流入后部消化道后，并不是都能够被反刍动物消化吸收，实际上只有 40%～50%的微生物氮是可利用氮，剩余部分与微生物细胞壁和核酸结合在一起，并不能被消化利用。瘤胃微生物还含有大量脂类、碳水化合物和矿物质，这些物质对反刍动物也有一定的营养价值。从表 3.2 可以看出，瘤胃细菌和瘤胃原虫的营养成分含量存在一定差异。瘤胃原虫的碳水化合物含量明显高于瘤胃细菌。这可能是由于瘤胃原虫吞食大量碳水化合物并以不溶多聚物的形式贮存在体内所造成的。瘤胃微生物的必需氨基酸种类齐全，其中蛋氨酸、赖氨酸、色氨酸等限制性氨基酸含量较高。瘤胃微生物，特别是细菌的氨基酸组成非常稳定(表 3.3)。

表 3.2　瘤胃细菌和原虫的化学组成

指标	细菌		原虫	
化学成分/(g/kg)				
引用报告的数量	29	SE	15	SE
氮	77.7	2.4	63.8	9.3
碳水化合物	155.2	37.2	381.0	239.0
脂类	101.0	15.3	91.0	5.0
灰分	168.5	23.3	64.5	41.5
含氮化合物组成(N)/(g/100 g)				
引用报告的数量	13	—	—	—
RNA	10.0	8.3	8.7	—
DNA	5.2	9.4	2.5	—
氨基酸氮	82.5	28.3	—	—

来源：Storm 和 Ørskov，1983。

表 3.3 瘤胃微生物的氨基酸组成

氨基酸	氨基酸/总氨基酸/(g/kg)	氨基酸氮/总氨基酸氮/(g/kg)	氨基酸/总氨基酸/(mmol/mol)	氨基酸/真蛋白/(g/kg)
精氨酸	49.3	117.8	36.2	57.4
组氨酸	17.0	34.3	14.1	19.8
异亮氨酸	54.4	43.2	53.1	63.2
亮氨酸	74.4	58.9	72.6	86.6
赖氨酸	81.2	115.5	71.0	94.5
蛋氨酸	24.7	17.1	21.3	28.7
胱氨酸	10.0	8.9	10.6	11.6
苯丙氨酸	54.5	34.3	42.2	63.4
酪氨酸	44.8	26.1	31.6	52.1
苏氨酸	52.0	45.5	55.9	60.5
缬氨酸	53.4	47.7	58.4	62.1
色氨酸	16.4	16.4	10.2	19.1
总必需氨基酸和半必需氨基酸	532.1	565.7	477.2	619.0
丙氨酸	69.8	82.0	100.2	81.2
天门冬氨酸	119.6	93.9	115.1	139.1
谷氨酸	133.3	94.7	116.0	155.1
甘氨酸	51.6	71.6	87.9	60.0
脯氨酸	38.2	34.3	42.5	44.4
丝氨酸	43.6	44.0	53.1	50.7
二氨基庚二酸	11.6	12.7	7.7	13.5
总非必需氨基酸	467.7	433.2	522.5	544.0
总计	999.8	998.9	999.7	1 163.0

来源：Storm 和 Ørskov(1983)。微生物总氮的氨基酸氮含量为 80.86%。

2. 反刍动物对瘤胃微生物氨基酸的消化率

Storm 等(1983)从反刍动物瘤胃中分离出了大量瘤胃微生物，并进行了干燥处理，然后使用全消化道灌注营养技术，向绵羊真胃中灌注不同水平的瘤胃微生物，测定了瘤胃微生物的消化率。该研究根据瘤胃微生物灌注量与流入十二指肠的数量之间的相关关系，推算出绵羊对瘤胃微生物蛋白质的真消化率为 85%。由此可见，微生物蛋白质的表观消化率很高。瘤胃微生物的必需氨基酸组成与肌肉组织和牛奶的氨基酸组成非常接近，因此，瘤胃微生物蛋白质是优质蛋白质。

第二节 优质蛋白质饲料的过瘤胃保护

一、对优质蛋白质饲料进行包被处理的必要性

瘤胃微生物能够在一定程度上降解日粮蛋白质，产生肽类、氨基酸和氨，同时瘤胃微生物能够利用这些产物合成微生物蛋白质。但是，在日粮蛋白质质量很好的情况下，这种转化过程对于提高日粮蛋白质的利用效率是不利的。因此，有必要对优质蛋白质饲料进行过瘤胃保护处理，以避免瘤胃微生物对日粮蛋白质的降解。关于优质蛋白质饲料的过瘤胃保护处理已有过大量研究报道。主要的过瘤胃保护方法包括加热处理、化学处理等。

二、保护饲料蛋白质过瘤胃的方法

1. 热处理

热处理是最常用的降低饲料蛋白质瘤胃降解率的方法。包括油籽的膨化、烤焙和红外线处理。进行加热处理、提高过瘤胃蛋白质的关键包括几个方面：根据不同蛋白质饲料的特点，筛选热处理温度、热处理时间和压力。筛选出适当的参数。另外，需要对处理效果进行评定。常用的评定方法是测定蛋白质饲料的瘤胃降解率。同时，还要考虑加工处理成本以及加热处理对营养成分的破坏情况。加热处理过度会造成某些氨基酸的损失，并降低剩余部分的消化率。Parsons 等 (1992) 报道，采用高温高压(121℃和 1.1 kg/cm^2)处理豆饼时，随着热处理时间的延长，赖氨酸和胱氨酸的含量下降，当加热 60 min 时，赖氨酸的含量下降 22%。加热 60 min 能够提高棉籽饼的过瘤胃蛋白，不影响蛋白质的肠道消化率，而多加热 60 min 则导致蛋白质消化率明显下降。对大豆加热时间过长，不仅降低大豆赖氨酸的含量，而且降低剩余赖氨酸的可利用性。McKinnon 等(1995)报道，将菜籽饼在 145℃下进行加热处理，会降低干物质和粗蛋白在瘤胃和整个消化道的可利用性，而在 125℃下加热 10、20 或 30 min，会降低干物质和粗蛋白的瘤胃消失率，但不会显著降低全消化道的粗蛋白消化率。研究结果表明，在 125℃下短时间加热菜籽饼，是提高瘤胃非降解蛋白含量、而不影响消化率的有效方法。

2. 化学处理

日粮蛋白质在瘤胃中的降解是在微生物的作用下进行的。凡是影响瘤胃微生物活性的加工处理，均会影响日粮蛋白质的瘤胃降解率。很多化学试剂能够显著抑制瘤胃微生物的活性，因此可以降低日粮蛋白质的瘤胃降解率。早在 20 世纪 80 年代，甲醛就被用做蛋白质饲料保护剂。Kaufmann 和 Lupping (1982)报道，用 2 g/kg 的甲醛处理豆粕，能够降低含氮化合物在磷酸缓冲液中的溶解度和氨的释放。使用这一水平的甲醛处理豆粕，豆粕的消化率仅下降 3%～4%。而如果甲醛水平提高至 1.5～5.0 g/kg，可导致豆粕的肠道消化率从 85%下降至 30%。过度处理会造成所有氨基酸的利用率下降。另外，一些酸类、碱类和乙醇可以改变蛋白质的结构，也会降低饲料蛋白质的溶解度和瘤胃降解率。需要注意的是，根据国家最新法规，为了防止化学药品在动物产品中残留，对人的食品安全和健康造成危害，已禁止甲醛等一些化学药品在生产上使用。

对优质蛋白质饲料进行过瘤胃保护处理，必须考虑到：①经过瘤胃保护处理后的蛋白质，在真胃和小肠中的消化率是否会受影响，影响有多大；②过瘤胃保护处理的蛋白质饲料的瘤胃降解率下降，会造成瘤胃氨浓度下降，因此使瘤胃微生物蛋白质合成量减少，而从瘤胃中流入真胃和小肠的蛋白质主要包括瘤胃非降解蛋白质和瘤胃微生物蛋白质。瘤胃可降解蛋白质数量增加的同时，瘤胃微生物蛋白的合成量减少，最终可能导致流入小肠的蛋白质总量差别并不大。

除了通过测定瘤胃降解率来评定过瘤胃保护处理的效果以外，还必须结合小肠消化率和全消化道消化率进行综合评价。如果保护处理过度，不仅会导致蛋白质饲料的瘤胃降解率下降，而且可能导致小肠消化率下降。这样不仅不能提高蛋白质饲料的利用率，反而会降低蛋白质饲料的利用率。对蛋白质饲料进行过瘤胃保护处理时，还要考虑到加工处理成本，如果加工处理成本太高，也得不偿失。

三、反刍动物的氨基酸供应

1. 氨基酸的来源

与其他所有哺乳动物一样，反刍动物也需要氨基酸，以满足合成体蛋白的需求。由于消化道结构和消化生理的特殊性，反刍动物的氨基酸供应来自于瘤胃微生物、日粮非降解蛋白和内源蛋白三个方面。

2. 限制性氨基酸

瘤胃微生物在生长繁殖过程中，能够合成包括必需氨基酸(essential amino acids)在内的各种氨基酸，然后流入后部消化道被反刍动物消化吸收。但是，一些研究表明，赖氨酸和蛋氨酸是反刍动物的限制性氨基酸(limiting amino acids)。主要原因是：①蛋氨酸和赖氨酸是瘤胃微生物蛋白质的第一、第二限制性氨基酸；②大多数饲料蛋白质的赖氨酸和蛋氨酸的含量较少；③赖氨酸和色氨酸更容易受加工处理作用的影响而减少。

3. 氨基酸的过瘤胃保护

和其他含氮化合物一样，游离氨基酸在瘤胃中可以被微生物降解。因此，直接饲喂反刍动物游离氨基酸并不能增加反刍动物氨基酸的供应量。为了保证饲喂氨基酸的效果，必须对氨基酸进行过瘤胃保护处理，主要方法如下。

(1)使用氨基酸衍生物和类似物。氨基酸衍生物或类似物可抵抗瘤胃微生物的降解，而在小肠中可被吸收，并在吸收前后转化为氨基酸。Loerch 和 Oke (1989) 报道，长链 N-十八烷-*DL* 蛋氨酸能够抵抗瘤胃微生物的降解，向瘤胃中投放这种蛋氨酸类似物可使绵羊十二指肠的蛋氨酸增加。

(2)用脂类包被。使用脂类对氨基酸进行包被处理，可以保护游离氨基酸，防止被瘤胃微生物降解。Neudoerffer 等 (1971) 报道，将一种含有 20% *DL*-蛋氨酸的过瘤胃保护蛋氨酸产品放入尼龙袋，在瘤胃中放置 18 h 后，有 70%的蛋氨酸不被降解。只有 12%的蛋氨酸在真胃和小肠中没有消失，因此有 60%～65%的蛋氨酸可在后部消化道吸收。

(3)使用对 pH 值敏感的材料对氨基酸进行包被处理。正常瘤胃 pH 值为 6～7，而真胃 pH 值为 2～3。因此，可以考虑使用对 pH 值敏感的材料，对氨基酸进行保护处理。即该材料在瘤胃 pH 6～7 下不溶解，而在真胃 pH 2～3 下溶解。因此，使用这样的材料把氨基酸包被起来，可以防止氨基酸在瘤胃中不被降解，而在真胃中把氨基酸释放出来，被反刍动物吸收。

4. 饲喂过瘤胃保护赖氨酸和蛋氨酸的效果

由于瘤胃微生物能够合成本身的氨基酸，这些氨基酸能够流入后部消化道，被反刍动物消化吸收。当反刍动物的生产水平不高时，瘤胃微生物来源的氨基酸和日粮非降解蛋白提供的氨基酸能够满足生产需要，但是当反刍动物生产水平较高时，瘤胃微生物来源的蛋氨酸或赖氨酸可能就不能满足反刍动物的需要，而必须通过饲喂过瘤胃保护蛋氨酸和赖氨酸进行补充。一些研究表明，对奶牛补饲过瘤胃保护蛋氨酸或赖氨酸能够提高奶牛的乳蛋白率和产奶量。但也有报道，效果不显著。造成这种结果差异的原因可能是，过瘤胃保护蛋氨酸或赖氨酸的饲喂量很少，只有当奶牛的日粮配合非常合理的情况下，饲喂过瘤胃保护蛋氨酸或赖氨酸这些微量营养成分才可能产生显著的效果。而当日粮配合不合理，或者奶牛的饲养管理相对比较粗放的情况下，饲喂过瘤胃保护蛋氨酸或赖氨酸的效果可能会被掩盖，导致最终结果不显著。

Robinson 等(2005)研究了向奶牛日粮中添加游离 *L*-赖氨酸对奶牛瘤胃指标和生产性能的影响。*L*-赖氨酸添加水平为每千克日粮干物质分别添加 0、1、2 和 3 g。结果表明，瘤胃 pH 值和挥发性脂肪酸浓度没有受到影响，瘤胃液总氮和氨态氮浓度提高，瘤胃食糜中的有机物成分和瘤胃细菌均没有受到影响，瘤胃液中的赖氨酸浓度有升高的趋势，但是没有达到显著水平，奶牛的产奶量和牛奶成分均没有受到影响。

Campbell 等(1997)研究了向以玉米为基础的肉牛日粮中添加混合游离氨基酸对瘤胃发酵指标和生产性能的影响。混合氨基酸包括：*DL*-蛋氨酸 6 g/d，*L*-赖氨酸 24 g/d，苏氨酸 6 g/d 和苯丙氨酸 3 g/d。结果表明，添加混合氨基酸对瘤胃发酵指标、日粮消化率、流入十二指肠的氮和微生物合成效率没有显著影响。肉牛的生长和增重没有受到影响。但是，如果提高游离氨基酸添加水平，对上述指标是否会有影响，尚不清楚。

Mbanzamihigo 等(1997)研究了游离蛋氨酸在瘤胃中的降解规律，指出蛋氨酸的瘤胃降解率为蛋白质的 30%，考虑到过瘤胃保护蛋氨酸的市场价格为游离蛋氨酸的 4～5 倍和游离蛋氨酸的瘤胃降解率很低，可以通过向瘤胃中添加 1.43 倍的游离蛋氨酸，来达到添加过瘤胃保护蛋氨酸的效果。

Pisulewski 等(1996)研究了向奶牛瘤胃后灌注游离赖氨酸和蛋氨酸对奶牛产奶性能的影响。奶牛的日粮由 61%玉米青贮、31%精料混合料和 5%苜蓿干草组成。所有处理的赖氨酸灌注水平均为 10 g/d，而各处理的蛋氨酸灌注水平分别为 0、6、12、18 和 24 g/d。结果表明，灌注氨基酸对 DMI、产奶量和乳脂肪产量均没有影响。但是随着蛋氨酸水平的提高，乳蛋白含量和产量直线升高，血浆蛋氨酸和胱氨酸浓度也显著提高。

Cottle 和 Velle (1989)研究了游离赖氨酸、苏氨酸和蛋氨酸在绵羊瘤胃中的降解规律。通过瘤胃瘘管向瘤胃中添加每种氨基酸的剂量为 2.5～15 g。结果表明，最初 4 h 内，赖氨酸的相对表观降解率最高，蛋氨酸最低。而 24 h 的赖氨酸表观降解率最高，苏氨酸最低。24 h 内从瘤胃中流出的完整氨基酸数量，苏氨酸最高，赖氨酸最低。表观降解率和流出的数量取决于氨基酸的投放剂量。因此，直接向瘤胃中投放未经过保护的苏氨酸和蛋氨酸，有可能在一定程度上满足绵羊对必需氨基酸的需求。

Stroke 和 Clark(1981)研究了向奶牛日粮中添加未经过保护的 *DL*-蛋氨酸(21 g/d)和蛋氨酸类似物(25 g/d)对奶牛生产性能的效果。结果表明，上述处理对瘤胃发酵指标、奶牛产奶量及牛奶成分均无显著影响。

Casper 和 Schingoethe(1988)研究了向奶牛日粮中补充 50 g 过瘤胃保护蛋氨酸产品(*DL*-蛋氨酸实际含量为 15 g)对奶牛生产性能的影响,奶牛日粮 CP 水平为 15%。结果表明,对产奶量没有影响,但是提高了乳蛋白含量。

Lara 等(2006)研究了向奶牛日粮中添加过瘤胃保护蛋氨酸的效果。添加水平分别为 0、8、16 和 24 g/d。结果表明,添加过瘤胃保护蛋氨酸显著提高了产奶量和乳蛋白产量,但是对 DMI 和乳脂肪没有显著影响。对于产奶量为 35 kg/d 的荷斯坦奶牛,需要补充 16 g/d 过瘤胃保护蛋氨酸。

李冲和赵广永(2011)应用全消化道灌注营养技术研究了蛋氨酸灌注水平对生长绵羊氮沉积的影响。结果表明,随着混合氨基酸中蛋氨酸水平(g/16 g)的升高,绵羊的氮沉积显著提高。蛋氨酸水平(x,g/16 g N)和氮沉积(y,g/d)之间存在二次曲线关系:$y=-0.03x^2+0.41x+2.62$,$r^2=0.66$,$n=12$。研究还表明,蛋氨酸水平(x,g/16 g N)与血浆 IGF-I(y,ng/mL)之间也存在二次曲线关系:$y=0.80x^2-4.53x+190.24$,$r^2=0.51$,$n=12$。

第三节　非蛋白氮化合物在瘤胃中的代谢规律

一、反刍动物利用非蛋白氮的原理

瘤胃中生活着大量瘤胃微生物。瘤胃微生物能够对含氮化合物进行降解转化。这是反刍动物能够利用非蛋白氮(non-protein nitrogen,NPN)的生理基础。

早在 1879 年,Weiske 等报道反刍动物可以利用 NPN 作为蛋白质代用品。Hart (1939) 报道,尿素或碳酸铵可添加于生长奶牛的日粮中被奶牛利用,日粮可溶性碳水化合物可提高 NPN 的利用率。Loosli 等 (1949) 使用不含真蛋白、仅含 NPN 的纯化日粮饲喂绵羊,发现瘤胃中合成了 10 种必需氨基酸。因而得出结论,尿素可以用作绵羊的唯一日粮氮。由于日粮蛋白质在瘤胃中可被瘤胃微生物降解,所以即使日粮中不添加 NPN,反刍动物瘤胃内容物中也含有大量 NPN,例如氨和尿素。因而 NPN 是反刍动物瘤胃内容物的正常组成成分。由此可以推测,向反刍动物日粮中添加外源 NPN 也同样能够被瘤胃微生物利用。这是反刍动物能够利用 NPN 的理论基础。

NPN 的种类很多。常见的化合物包括尿素、碳酸氢铵、二缩脲等。无论 NPN 的种类如何,只有被分解为氨,才能够被瘤胃微生物利用,合成微生物蛋白。因此,氨是瘤胃细菌利用 NPN 的基本形式(Hungate,1966)。如果 NPN 在瘤胃中不能被分解为氨,瘤胃中的 NPN 可能被吸收进入血液,而后从尿中排出或通过唾液循环再进入瘤胃,也可以随着瘤胃内容物流入后部消化道,随粪便排出。

以尿素为例,NPN 被瘤胃微生物分解、转化的过程如下:

$$尿素 \xrightarrow{微生物脲酶} 二氧化碳+氨$$

$$碳水化合物 \xrightarrow{微生物酶} 挥发性脂肪酸+酮酸$$

$$氨+酮酸 \xrightarrow{微生物酶} 氨基酸$$

$$氨基酸 \xrightarrow{微生物酶} 微生物蛋白质$$

$$微生物蛋白质 \xrightarrow{动物消化酶} 氨基酸$$

从以上过程可以看出:①尿素必须在瘤胃微生物脲酶(urease)的作用下才能被分解为氨;②脲酶是瘤胃微生物产生的;③只有当尿素分解和碳水化合物发酵过程同步进行,氨和酮酸呈一定比例时,才能使微生物蛋白质合成效率达到最佳,不造成氨或酮酸积累。这就是所谓的瘤胃能氮平衡(rumen energy-nitrogen equilibrium)(图 3.3)。

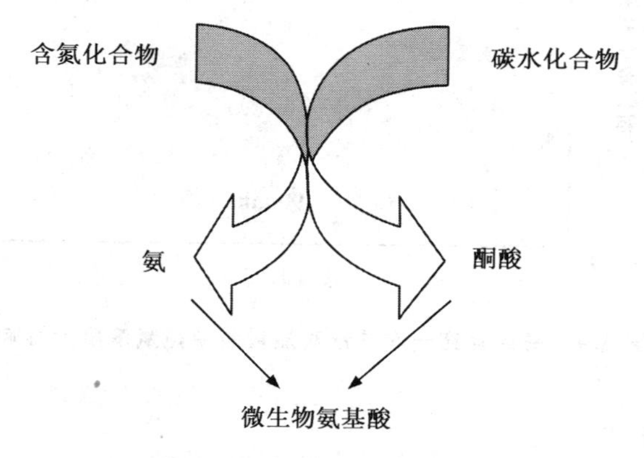

图 3.3　瘤胃中的能氮平衡

二、尿素作为反刍动物蛋白质代用品

尿素是最常见的非蛋白氮化合物。与其他含氮化合物相比,常温常压下尿素不易被分解,便于贮藏和运输,同时成本相对较低。因此,尿素是最常用的反刍动物蛋白质代用品。

(一)存在的问题

尽管尿素在常温常压下不容易被分解。但是,瘤胃微生物在生长繁殖过程中,能够产生大量脲酶。尿素被反刍动物采食到达瘤胃以后,在瘤胃微生物脲酶的催化作用下,尿素分解为氨和二氧化碳的速度很快。研究表明,反刍动物采食尿素后60～90 min,瘤胃液的氨浓度就达到峰值(图 3.4)。而后,随着瘤胃微生物对氨的利用、瘤胃上皮吸收及瘤胃内容物的外流,瘤胃氨浓度逐渐下降。一般在反刍动物采食 4～5 h 后才能够恢复到最初的氨浓度水平。瘤胃微生物利用氨的速度和数量是一定的。因此,尿素在瘤胃中分解过快,可能会导致两个问题:一是尿素分解产生的氨可通过瘤胃上皮被吸收进入血液,导致血氨浓度升高,严重时可导致动物发生氨中毒;二是造成氮素损失,尿素利用效率下降。因此,不造成动物发生氨中毒同时提高尿素利用效率,是使用尿素作为反刍动物蛋白质补充料的关键问题。

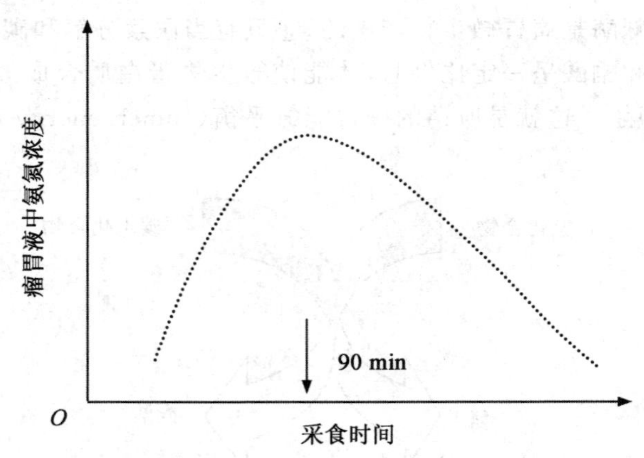

图 3.4　每天补充一次尿素对瘤胃液中氨氮浓度的影响

(二)解决方法

解决上述问题的关键有两个:一是确定在特定日粮条件下尿素的饲喂量;二是当尿素饲喂量确定的情况下,增加饲喂次数,即少添勤喂。

1. 确定尿素饲喂量

尿素是含氮化合物,只能为反刍动物提供氮元素,因此,并不是在任何情况下添加尿素均有效果。反刍动物日粮中是否需要添加尿素、添加多少需要根据日粮营养成分确定。尿素饲喂量一般可根据瘤胃能氮平衡方法进行计算。计算方法如下：

瘤胃能氮平衡＝用可利用能估测的 MCP －用 RDP 估测的 MCP

$$=DOM\times 144 - RDP\times 0.9$$

$$=NND\times 40 - RDP\times 0.9$$

$$=FOM\times 168.9 - RDP\times 0.9$$

式中：MCP 为瘤胃微生物粗蛋白；DOM(digestible organic matter)为可消化有机物；RDP 为瘤胃可降解蛋白；NND 为奶牛能量单位；FOM(fermentable organic matter)为可发酵有机物。瘤胃能氮平衡等于 0，则说明平衡良好，不需要添加尿素；大于 0，则说明可利用能多余，这时应补充 RDP；小于 0，则说明应增加可利用能，以达到瘤胃能氮平衡。

当瘤胃能氮平衡值大于 0 时，可以根据下面的公式计算尿素添加量：

$$\text{尿素添加量(g)}=\frac{\text{瘤胃能氮平衡}}{2.8\times 0.65}$$

式中：2.8 为尿素的粗蛋白当量；0.65 为瘤胃微生物利用尿素氮的平均效率。

2. 饲喂方法

在尿素饲喂量一定的情况下，增加饲喂次数、少添勤喂，可以降低瘤胃中出现氨浓度峰值的可能性，这样瘤胃微生物就能够有充分的时间利用尿素分解所产生的氨，合成微生物蛋白质。图 3.5 比较了将一定数量的尿素一次或分多次投喂给反刍动物对瘤胃氨浓度的影响。

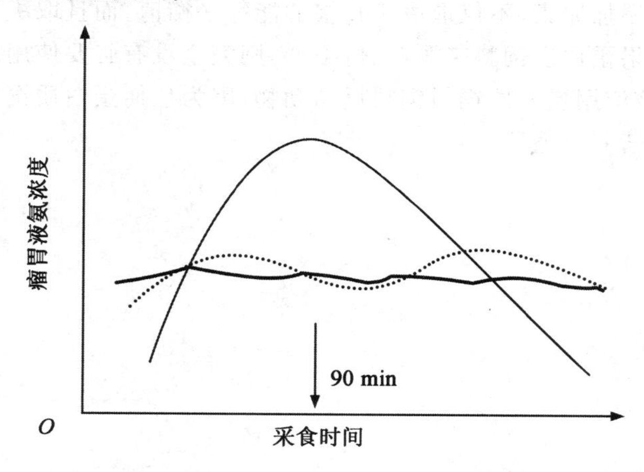

图 3.5　每天补充一次或多次尿素对瘤胃液中氨氮浓度的影响

(三)脲酶抑制剂能否提高反刍动物利用尿素的效果

尿素在瘤胃中的分解是在微生物脲酶的催化作用下进行的。因此,从理论上讲,适当地抑制脲酶活性,有可能降低尿素分解的速度,从而使瘤胃微生物能够有充分的时间利用尿素分解产生的氨合成微生物蛋白质。但是,瘤胃内容物处于动态流动中,当脲酶活性被抑制时,瘤胃中的尿素并不会停留在瘤胃中,而是通过瘤胃上皮被吸收进入血液,或者流入真胃和小肠。一部分被吸收到血液的尿素可以通过肾脏随尿排出,另一部分通过尿素唾液循环再进入瘤胃。流入真胃和小肠的尿素则随粪便排出,造成尿素损失。因此,尽管一些脲酶抑制剂(urease inhibitor)能够有效抑制脲酶活性,降低尿素的分解速度,防止动物发生氨中毒,但是,并不能够提高尿素转化为微生物蛋白质的效率。Whitelaw 等(1991)研究了脲酶抑制剂磷苯二胺对瘤胃及血液中尿素和氮的代谢规律。在该研究中,他们每天向正常饲养的绵羊瘤胃内灌注 1.5 g 的磷苯二胺,发现磷苯二胺能够有效抑制瘤胃微生物脲酶的活性,并导致瘤胃内容物中尿素的快速积累。但是,绵羊氮平衡的试验结果表明,未分解的尿素对于绵羊氮代谢的作用很小,不同处理间绵羊的氮沉积并没有显著差异。

三、需要注意的问题

必须注意,尿素只能为反刍动物提供氮源,除此以外,尿素并不能提供其他任何营养成分。因此,尿素并不是反刍动物日粮中必不可少的成分。使用尿素作为反刍动物蛋白质代用品的目的是节约蛋白质饲料,降低饲料成本。在反刍动物日粮中是否需要添加尿素,不仅取决于日粮的能氮平衡值,而且取决于蛋白质饲料的市场价格。如果蛋白质饲料来源广、价格低,则完全没有必要使用尿素作为蛋白质代用品,而应该使用蛋白质饲料饲喂反刍动物,因为任何蛋白质饲料的营养价值均要优于尿素的营养价值。

第四章 脂肪在瘤胃中的代谢规律

脂肪及长链脂肪酸是饲料的重要营养成分。脂肪的能量含量是碳水化合物或蛋白质的两倍多。向日粮中添加脂肪是提高日粮能量浓度的重要途径。在产奶高峰期,奶牛需要大量的能量用于产奶。如果日粮供应的能量不足,则可能导致奶牛处于能量负平衡状态,并动用本身贮备的体脂肪用于产奶。这不仅会造成能量的浪费,而且有可能影响奶牛的繁殖性能和利用年限。而奶牛的饲料采食量是一定的,并不能无限地提高。在这种情况下,提高日粮能量浓度是缓解奶牛能量负平衡、发挥产奶潜力、提高利用年限的重要途径。如果提高日粮中精料的比例,则可能造成奶牛瘤胃内容物的酸度过高,使奶牛发生酸中毒或酮血症,并对饲料消化率造成不利影响,而且也可能影响奶牛的瘤胃健康。因此,向日粮中添加脂肪是提高日粮浓度的重要途径。图 4.1 显示了犊牛出生后,母牛泌乳量、采食量和体重的变化趋势。

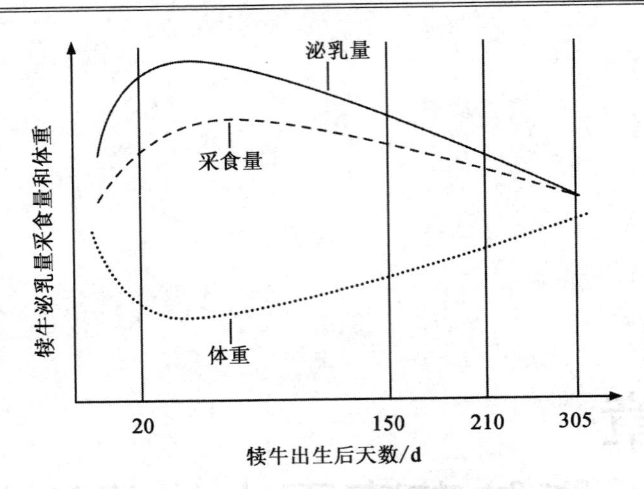

图 4.1 犊牛出生后母牛泌乳量、采食量和体重变化曲线

第一节 脂肪的来源及在瘤胃中的转化

一、脂肪的来源及作用

瘤胃中的脂肪来自饲料、微生物及消化道脱落的上皮细胞等。采食干草日粮的奶牛，瘤胃中 80%的脂肪来自于日粮。日粮脂肪对反刍动物的作用包括三个方面：一是可以促进动物对脂溶性维生素 A、维生素 D、维生素 E、维生素 K 的吸收；二是为动物提供必需脂肪酸，包括十八碳二烯酸、十八碳三烯酸和二十碳四烯酸；三是为动物提供能量。脂肪的能量浓度为碳水化合物的 2.2 倍。在保持日粮精粗比例平衡的同时，增加日粮能量密度，能够减少动物本身的能量损失。

不同来源脂肪的性质存在很大差异。反刍动物是草食动物，日粮主要由植物性饲料组成。植物饲料中的脂肪主要由糖基甘油二酯和磷脂组成。青绿饲料中的不饱和脂肪酸含量很高，其中油酸、亚油酸和亚麻酸占总脂肪酸的 75%。而精料中的脂肪大部分以甘油三酯的形式存在。动物脂肪通常含有大量的甘油三酯。反刍动物体脂肪的饱和度较高，而单胃动物的脂肪饱和度较低。

二、脂肪在瘤胃中的代谢

（一）酯解作用

瘤胃中的脂肪存在于饲料颗粒和微生物的悬浮液中。酯类可以在瘤胃中迅速水解，产生游离脂肪酸。这些脂肪酸可附着于饲料颗粒或微生物细胞壁上，或被微生物利用。脂肪酸与微生物细胞结合，使微生物细胞被酯层包被。另外，脂肪水解产生的甘油可被微生物快速发酵。有研究表明，细菌和原虫的酶的催化是酯类水解的主要原因。另外，来自饲料的酶也可能发挥一定作用。

(二)瘤胃微生物对脂肪的吞食及合成

瘤胃细菌和原虫可以吞食长链脂肪酸，并将这些脂肪酸贮存本身的细胞中。同时，瘤胃细菌、原虫也可以合成长链饱和脂肪酸和单键不饱和脂肪酸。据 Hagemeister 和 Kaufmann (1979)估算，奶牛瘤胃微生物每天大约可以合成 50 g 脂肪酸。每千克饲料有机物大约可合成 250 g 微生物干物质。瘤胃微生物合成的脂肪或脂肪酸流入后部消化道后，究竟在多大程度上能够被反刍动物消化利用，尚不清楚。

(三)生物氢化作用与共轭亚油酸的合成

1. 生物氢化作用

瘤胃微生物在发酵碳水化合物的过程中能够产生大量氢，饲料中的不饱和脂肪酸含有不饱和双键，在瘤胃中双键很容易被打开并与氢结合，变成饱和键，使不饱和脂肪酸转化为饱和脂肪酸，这一过程被称为不饱和脂肪酸的生物氢化作用。有研究表明，日粮中 90% 以上的不饱和脂肪酸在瘤胃中可被氢化，从瘤胃中流入后部消化道的日粮不饱和脂肪酸数量很少，反刍动物所消化吸收的脂肪酸主要是饱和脂肪酸。因此，反刍动物体脂肪酸的饱和度要高于非反刍动物的体脂肪，反刍动物体脂肪的熔点高于非反刍动物就是很好的证明。

2. 共轭亚油酸的概念、类型

在瘤胃的生物氢化过程中，不饱和脂肪酸十八碳二烯酸还能够形成一些同分异构体。这些同分异构体含有共轭双键、具有不同的空间构型，这些同分异构体被称为共轭亚油酸(CLA)。很多研究表明，共轭亚油酸对人类的健康具有重要保健作用，主要包括抗癌、对营养物质的再分配、改善肉质、降低动脉粥样硬化和提高免疫力。图 4.2 为两种典型的 CLA 结构式。

共轭亚油酸主要包括两个类型：顺-9，反 11-CLA 和反-10，顺-12-CLA（图 4.2）。其中顺-9，反 11-CLA 的生物学活性要高于反-10，顺 12-CLA。

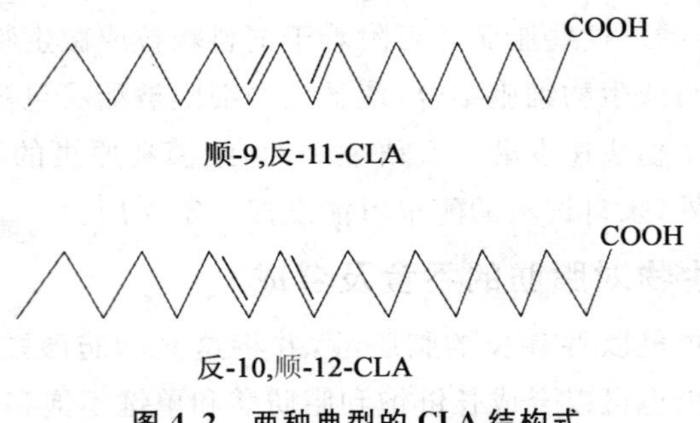

图 4.2 两种典型的 CLA 结构式

共轭亚油酸的产生过程见图 4.3。

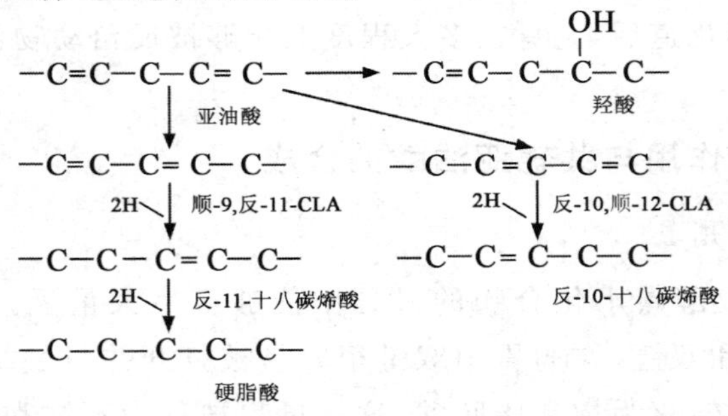

图 4.3 不饱和脂肪酸在瘤胃中的氢化及 CLA 的产生

(Wallace,2005)

3. 共轭亚油酸的来源

豆油、亚麻油、菜籽油和向日葵油的 CLA 含量较高,但具有生物学活性的顺-9,反-11-CLA 很少。哺乳动物分泌大量的 CLA 到乳中,一般每克脂肪含 CLA 2.5~11.0 mg,其中 75%以上是顺-9,反-11-CLA。每克绵羊乳脂肪含 CLA 11.0 mg,而单胃动物马的每克乳脂肪含 CLA 仅为 0.9 mg。乳中 CLA 由高到低的顺序为:绵羊>奶牛>山羊>猪>马。反刍动物的肉和乳是 CLA 的主要来源。但是由于 CLA 只是十八碳二烯酸在生物氢化过程中的中间产物,正常情况下,从瘤胃中流入后部消化道的 CLA 数量很少。因此,有关反刍动物 CLA 研究的主要目标是调控不饱和脂肪酸的生物氢化作用,提高 CLA 的合成量。

(四)瘤胃微生物的生物氢化作用

1. 不同瘤胃微生物对合成 CLA 的贡献

瘤胃微生物主要包括细菌、原虫和厌氧真菌,而不同瘤胃微生物又可分为很多种类。研究表明,溶纤维丁酸弧菌(*Butyrivibrio fibrisolvens*)能够产生异构酶,将亚油酸转化为 CLA,并进一步转化为饱和脂肪酸。其他细菌也能够将亚油酸转化为 CLA,但作用相对较小。

原虫脂肪酸的不饱和度明显高于细菌。这表明原虫含有较多的 CLA 和 TVA。但是,与细菌相比,原虫总是趋向于停留在瘤胃中,并且原虫的不饱和脂肪酸主要是吞食饲料的不饱和脂肪酸得来的。因此,瘤胃原虫对反刍动物不饱和脂肪酸的供应量很少。

从微生物物质数量来讲,厌氧真菌仅占瘤胃微生物物质的 8%,而且大部分厌氧真菌总是附着在饲料颗粒上,只能随着瘤胃食糜流入后部消化道,因此厌氧真菌外流速度很低,对反刍动物不饱和脂肪酸的供应量也很少。

除了瘤胃中能够合成 CLA 以外,反刍动物体组织也能够合成 CLA。吴跃明等(2004)向奶牛真胃中灌注反-11-$C_{18:1}$(12.5 g/d),发现牛奶乳脂肪中 CLA 含量提高了 40%,表明奶牛体组织有能力合成 CLA。而向奶牛真胃中灌注萍婆酸-脱氢酶的抑制剂,结果牛奶脂肪中顺-9,反-11-CLA 含量急剧下降。因此,奶牛体组织也是合成 CLA 的重要途径。

2. 瘤胃微生物氢化不饱和脂肪酸的原因

对于不饱和脂肪酸在瘤胃中生物氢化的解释,包括两个假说:① Lennarz(1966)认为,不饱和脂肪酸的生物氢化过程可去除碳水化合物发酵过程中产生的大量氢,使还原能得以释放;②Kemp 等 (1984)认为,不饱和脂肪酸的生物氢化过程是脱毒过程。试验结果表明,含有三个不饱和键的亚麻酸对微生物的毒性比含有两个不饱和键的亚油酸或 CLA 要高。

3. 提高反刍动物脂肪中 CLA 的途径

影响瘤胃中 CLA 合成的因素主要包括饲料加工处理、日粮组成以及反刍动物的饲养方式等。因此,提高瘤胃中 CLA 合成量的主要途径包括两个:一是通过向瘤胃中提供生成 CLA 前体的底物,例如葵花油、豆油、玉米油、亚麻籽油和花生油、鱼油或鱼粉,能够有效提高瘤胃中 CLA 合成量;二是通过改变瘤胃环境进而影响与生物氢化有关的细菌,也有可能提高 CLA 合成量。但是由于瘤胃微生物区系及其代谢的复杂性,对瘤胃微生物进行定向调控很困难,因此通过调控微生物区系来提高瘤胃中 CLA 的合成量往往难以得到良好的结果。而通过向日粮中添加 CLA 前体的底物,相对较容易得到良好结果。赵广永等(2009)研究了不同加工细度的热处理大豆对育肥期肉牛体组织 CLA 含量的影响。该研究向肉牛日粮中分别添加了 1 kg/d 经过加热处理的细粉碎大豆、粗粉碎大豆和整粒大豆。研究结果表明，日粮中添加经过热处理的整粒大豆有利于提高肉牛背部皮下脂肪和肝脏脂肪中的CLA含量。Dhiman等(1999)向奶牛日粮中添加了12%的全脂膨化大豆或12%的全脂膨化棉籽，提高了牛奶和奶酪中的CLA含量。Huang等(2008)向奶牛日粮中添加5%的大豆油提高了乳脂肪中的CLA含量。Engle等(2000)向肉牛日粮中添加4%大豆油提高了背最长肌中的CLA。但是也有一些研究表明，日粮中添加5%大豆油或40 g大豆油/kg干物质对肉牛体组织中的CLA含量没有影响(Beaulieu等，2002；Dhiman等，2005)。造成不同结果的原因可能是日粮成分不同及牛的品种以及育肥阶段不同。赵广永等(2012)研究了日粮中添加不同水平的热处理大豆对育肥肉牛提组织中CLA含量的影响。在以粗饲料为基础的肉牛日粮中分别添加了3.6%、10.1%和15.7%的热处理大豆，饲养试验进行了28 d。研究结果表明，随着大豆添加水平的提高，背最长肌中的顺-9，反-11-CLA含量显著提高，但是$C_{18:0}$，$C_{18:0}$，$C_{18:2n-6}$，$C_{18:3}$，顺-10，反-12-CLA和总CLA含量没有变化。背部皮下脂肪中的顺-9，反-11-CLA和总CLA有升高的趋势，但是其他脂肪酸的含量没有变化。肝脏中的$C_{18:1}$含量显著下降，$C_{18:2n-6}$和$C_{18:3}$显著提高，而CLA含量没有显著变化。肉牛的$C_{18:0}$，$C_{18:1}$，$C_{18:2n-6}$和$C_{18:3}$采食量与肝脏中相应脂肪酸含量之间存在显著的线性相关关系。本研究的结论是，在以粗饲料为基础的日粮条件下，饲喂15.7%以下的热处理大豆对肉牛体组织中的CLA含量没有显著影响。

第二节　脂肪对瘤胃发酵的影响及过瘤胃保护

一、脂肪及脂肪酸对瘤胃发酵的影响

1. 对瘤胃pH值的影响

日粮中脂肪及脂肪酸对瘤胃pH值的影响取决于脂肪添加量、脂肪种类。饱和脂肪或脂肪酸对瘤胃pH值影响较小。日粮中添加脂肪或脂肪酸对瘤胃pH值基本没有显著影响。

2. 对瘤胃微生物的影响

脂肪或长链脂肪酸、特别是不饱和脂肪酸能够吸附在微生物表面及饲料颗粒表面，影响微生物细胞的分裂与生长。脂肪酸的吸附作用还可导致细胞膜渗透性的变化，进而影响细胞膜的物质交换和代谢，最后可导致细胞死亡。而日粮中不饱

和脂肪酸的生物氢化作用，可使不饱和脂肪酸转化成饱和脂肪酸，使不饱和脂肪酸的毒性下降。例如，亚麻油酸的表面活性远大于硬脂酸。因此，不饱和脂肪酸的氢化对瘤胃微生物具有保护作用。

脂肪或长链脂肪酸对瘤胃微生物的活性有明显的抑制作用。Brooks (1954)报道，当体外培养液中玉米油含量达到 40～680 mg/100 mL 时，纤维分解菌的活动就受到抑制。Demeyer 和 Henderick 比较了不同长链脂肪酸对产甲烷菌的抑制作用，发现十八碳脂肪酸、特别是长链不饱和脂肪酸的作用最强。与瘤胃细菌相比，瘤胃原虫更容易受到不饱和脂肪酸的毒害作用（韩正康，1988）。脂肪对瘤胃微生物的抑制作用与添加量有关。当培养液中亚麻酸浓度达 150 mg/100 mL 或更高时，纤毛虫处于迟钝、濒死状态，而当浓度含量降低到 30～60 mg/100 mL 又可复活。

3. 对纤维素消化的影响

由于脂肪或长链脂肪酸能够抑制瘤胃微生物的活性，因此向反刍动物日粮中添加脂肪或长链脂肪酸会明显地降低粗纤维消化率（Saleman 等，1993；Doherty 等，1996；Fujihara 等，1996），这种作用会随着不饱和脂肪酸含量的提高而提高。李凤学和赵广永（1999）向肉牛日粮中添加 4%和 8%的玉米油，对饲料 DM、CP 和 NDF 的瘤胃降解率有一定的影响，但添加 8%以下的玉米油并没有影响日粮 DM、CP 或 NDF 的全消化道消化率。这表明牛后部消化道对于前胃消化所受到的影响具有一定的补偿作用。试验表明，为了提高肉牛或奶牛日粮的能量浓度，向日粮中添加 8%以下的玉米油是可行的。

4. 对瘤胃 VFA 产量与乙酸/丙酸比例的影响

一些研究表明，向日粮中添加脂肪降低瘤胃乙酸浓度，增加丙酸浓度，导致乙/丙酸比例下降（Tackett 等，1996；Fujihara 等，1996；Gabrial 等，1992）。Demeyer (1969)每天向绵羊瘤胃中灌注 6 g 亚麻油脂肪酸后，乙酸摩尔比例为 64.5%，丙酸摩尔比例为 24.2%；每天灌注 30 g 时，乙酸比例为 54.3%，丙酸比例为 40.4%。乙酸比例下降的原因主要是纤维分解菌的活性受到抑制造成的。Chalupa 等(1984)应用体外培养技术研究了向日粮中添加 10%长链脂肪酸对瘤胃发酵的影响。结果表明，低于 18 个碳原子的长链脂肪酸和 18 个碳原子以上的不饱和脂肪酸降低了瘤胃 VFA 产量而硬脂酸和脂肪酸钙盐对瘤胃发酵没有影响。

5. 对瘤胃发酵气体产生的影响

日粮中的碳水化合物在瘤胃中被发酵，产生 VFA，同时产生甲烷和二氧化碳，而脂肪或长链脂肪酸对瘤胃微生物的活动具有抵制作用。因此，向日粮中添加脂肪或长链脂肪酸能够抑制碳水化合物在瘤胃中的发酵过程，降低甲烷和二氧化碳气体的产量。Demeyer (1969)报道，每天向绵羊瘤胃内灌注 6 g 亚麻油，对瘤胃产气量没有显著影响，但是每天灌注 30 g 亚麻油酸时，总产气量和甲烷均显著下降。这说明，向反刍动物日粮中添加不饱和脂肪酸可抑制瘤胃气体产量，特别是甲烷的产量。赵广永等(1995)用体外培养发酵的方法研究了亚油酸对产气量、甲烷产量的影响。结果表明，亚油酸能够显著降低总产气量和甲烷产量。甲烷产量下降的原因可能有两个：一是亚油酸对微生物的吸附作用抑制了碳水化合物发酵，因而，降低了甲烷产量；二是亚油酸在生物氢化过程中利用了一部分氢，因而减少了用于产甲烷过程的氢，最终导致甲烷产量下降。

二、脂肪的过瘤胃保护与应用

脂肪或长链脂肪酸的能量浓度较高，在反刍动物生产中，可以向日粮中添加脂肪或长链脂肪酸，提高日粮能量浓度。但是，向反刍动物日粮中添加脂肪或脂肪酸显然对饲料营养成分的消化，特别是纤维素的消化存在不利影响。如何避免或减轻这种不利影响是反刍动物生产中需要解决的关键问题。很多研究者对这一问题进行了试验研究，并开发了一些产品。目前比较合适的应用措施或产品包括：选择饱和脂肪；使用脂肪酸钙皂；使用脂肪包被产品；使用天然的脂肪保护产品，例如棉籽或经过热处理的大豆等。

1. 脂肪酸钙皂

将脂肪与钙进行加工处理，制成脂肪酸钙皂，形成了不溶皂化物，然后将钙皂添加于反刍动物日粮中。Schneider 等(1988)向泌乳牛日粮中添加了 4%的钙皂(CaFA，商品名为 Megalac)，发现奶牛的采食量、瘤胃 VFA 产量以及 DM、CP、NDF、ADF 的消化率均无显著变化。试验组的钙消化率下降，但可以通过增加日粮中钙供应量(40 g/d)使钙的总吸收量保持正常。赵广永等(1999)应用人工瘤胃发酵技术研究了皂化菜籽油脚对体外发酵总产气量、甲烷产量及 pH 值的影响，发现日粮中添加 15%以下的皂化菜籽油脚对瘤胃发酵没有影响。Chalupa 等(1984)报道，长链脂肪酸钙皂不影响瘤胃发酵。

2. 包被脂肪

将脂肪制成包被颗粒，然后添加在反刍动物日粮中，可防止脂肪对瘤胃发酵的影响。Grummer (1988)试验表明，向牛的日粮中添加包被脂肪颗粒，对瘤胃 pH 值和挥发性脂肪酸产量没有影响，对日粮主要营养成分的表观消化率也没有影响。Flachowsky 等(1995)研究了向绵羊日粮中添加过瘤胃保护脂肪(钙皂)对瘤胃发酵、DM尼龙袋降解率及表观消化率的影响。该研究分别使用60 g、120 g或240 g保护脂肪替代日粮中的干草和大麦(分别占5%、10%或20%的基础日粮)。结果表明,使用保护脂肪替代干草和大麦对瘤胃pH和挥发性脂肪酸没有显著影响。使用10%的保护脂肪对瘤胃DM降解率没有显著影响,但是当保护脂肪的使用量为20%时,DM降解率显著下降。当脂肪使用量在10%以上时,OM表观消化率显著下降。当脂肪添加量为5%、10%和20%时,脂肪消化率分别为94.4%、87.2%和75.5%。饲喂反刍动物过瘤胃保护脂肪是否影响瘤胃发酵及饲料营养成分的消化率取决于两个因素:一是保护的效果如何,保护脂肪的材料和加工工艺是否确实能够防止瘤胃微生物的降解;二是保护脂肪的饲喂量。在这两个因素中,第一个因素是主要因素。因此,在加工生产保护脂肪产品时,必须通过测定保护脂肪的瘤胃降解率,说明保护的效果。

3. 天然过瘤胃保护脂肪产品

主要包括带壳棉籽和热处理大豆。棉籽和大豆的脂肪含量很高。棉籽本身有较硬的外壳,可以对棉籽中的脂肪酸起到很好的保护作用。在奶牛生产中,每天饲喂奶牛1.5 kg左右的棉籽可以有效补充奶牛的能量。经过热处理的大豆也能够很好地被反刍动物消化利用。赵广永等(2009)试验结果表明,向肉牛日粮中添加热处理1 kg大豆不会造成肉牛的消化不良,而且有利于肉牛CLA的合成。

4. 补充饱和脂肪酸含量高的脂肪

不饱和脂肪酸含有不饱和键,对瘤胃微生物和饲料颗粒的吸附性比饱和脂肪酸更强,因此对瘤胃微生物及饲料的瘤胃发酵影响作用更大。在没有可用的皂化脂肪、包被脂肪产品的情况下,应尽量选用富含饱和脂肪酸的硬脂酸。每头牛每天脂肪的添加量一般不超过0.5 kg或日粮干物质的4%。配制添加脂肪的日粮时,日粮中钙的含量应不低于DM总量的1%。

三、使用过瘤胃保护脂肪的效果

通过向反刍动物日粮中添加脂肪产品,能够有效地提高日粮能量浓度。但是,提高反刍动物的脂肪或长链脂肪酸采食量,对动物的生产性能会产生一定的影响。Wu和Huber(1994)综述了日粮中添加脂肪对奶牛生产性能的影响,指出日粮中添加脂肪能够提高奶牛的产奶量,但会降低乳蛋白率。为了避免日粮中添加脂肪对奶牛乳蛋白率的不利影响,Flachowsky等(1996)研究了含有蛋氨酸的过瘤胃保护脂肪对奶牛生产性能的影响。奶牛的基础日粮含有青贮玉米、青贮草和精饲料,试验组奶牛每天补饲0.5 kg过瘤胃保护脂肪。试验结果表明,对照组和试验组奶牛的产奶量分别为 25.1 kg 和 26.3 kg，每升牛奶的乳蛋白含量分别为 33.2 g 和 31.9 g，每升牛奶中的乳脂肪含量分别为 41.8 g 和 42.6 g。结果表明，饲喂添加蛋氨酸的过瘤胃保护脂肪，提高了奶牛的产奶量和乳脂率，但是降低了乳蛋白率。Fallon 等(1986)研究了日粮中添加脂肪钙皂对犊牛采食量、生长和营养物质消化率的影响。出生 14 d 的奶牛公犊每天饲以 440 g 代乳料，并自由采食由压扁大麦、糖蜜、大麦秸和蛋白补充料组成的全价颗粒料。当全价料中的大麦和糖蜜分别用 5%、10%或 20%脂肪钙皂替代时，DMI 和活增重下降。这种作用在断奶犊牛只采食颗粒料时更为明显。结果表明，犊牛对添加脂肪钙皂的消化率很低，向犊牛日粮中添加脂肪钙皂是不适当的。

上述研究结果表明，日粮中添加保护脂肪虽然可以避免对瘤胃发酵的不良影响，但是，并不能避免降低奶牛乳蛋白率的作用。另外，到达后部消化道的过瘤胃保护脂肪也不一定能够被反刍动物有效地消化、利用。因此，在开发过瘤胃保护脂肪产品时，不仅要考虑到保护的材料、技术和加工工艺能够保证脂肪过瘤胃，防止对瘤胃微生物和瘤胃发酵的不良影响，而且还必须研究过瘤胃保护脂肪在后部消化道的消化利用情况，以及过瘤胃保护脂肪对反刍动物生产性能的影响。作为饲喂反刍动物的脂肪产品，还应该考虑到产品的适口性好、成本低、贮存和饲用方便等。

第五章 瘤胃甲烷产生与调控减排

第一节 瘤胃甲烷的产生及其影响因素

一、地球上甲烷的来源

据 IPCC(1992)报道，地球上的甲烷来源包括自然环境、能源开发利用和农业生产三个方面(表 5.1)。每年全球的甲烷产量为 4 800 万 t。这三种来源的甲烷产量基本上各占 1/3。从表 5.1 可以看出，畜牧生产所产生的甲烷只占农业生产的 48.5%，占全球甲烷产量的 16.7%。

表 5.1 地球上甲烷的来源　　百万 t

自然环境	甲烷量	能源利用及垃圾处理	甲烷量	农业生产	甲烷量
湿地	115	天然气、石油	50	水稻	60
海洋	15	煤炭	40	家畜	80
白蚁	20	木炭	10	肥料	10
燃烧	10	垃圾处理	30	燃烧	5
		废水	25		
合计	160	合计	155	合计	165

来源：IPCC，1992。

二、瘤胃中甲烷的产生

反刍动物的瘤胃中生活着大量的瘤胃微生物，包括瘤胃细菌、瘤胃原虫和厌氧真菌。反刍动物采食的饲料碳水化合物（包括淀粉、纤维素、半纤维素、果胶和游离糖等）到达瘤胃以后，可以被瘤胃微生物在一定程度上发酵，产生 VFA（主要包括乙酸、丙酸和丁酸）、二氧化碳和氢气。以葡萄糖为例，碳水化合物在瘤胃中的发酵过程如下（Ørskov 和 Ryle，1990）：

$$C_6H_{12}O_6 + 2H_2O \longrightarrow 2CH_3COOH\ (\text{乙酸}) + 2CO_2 + 4H_2$$

$$C_6H_{12}O_6 + 2H_2 \longrightarrow 2CH_3CH_2COOH\ (\text{丙酸}) + 2H_2O$$

$$C_6H_{12}O_6 \longrightarrow CH_3CH_2CH_2COOH\ (\text{丁酸}) + 2CO_2 + 2H_2$$

与此同时，瘤胃中的产甲烷细菌（methangenic bacteria）可以利用碳水化合物发酵产生的二氧化碳和氢气合成甲烷。

$$4H_2 + CO_2 \longrightarrow CH_4\ (\text{甲烷}) + 2H_2O$$

反刍动物所采食的饲料能量有 6%～10%在瘤胃发酵过程中被转化为甲烷，而后被排出损失。瘤胃中的甲烷是产甲烷菌利用碳水化合物在瘤胃发酵过程中产生的氢和二氧化碳合成的。产甲烷菌每分钟大约可产生 500 倍于其体积的气体。一头奶牛每天大约产生 200 L 甲烷气体。

瘤胃中甲烷的产生不仅造成日粮能量的浪费，而且还加重地球的温室效应。地球大气中甲烷浓度每年持续增加 1%，每年释放入大气的甲烷为(400～600)×10^{12} g。尽管大气中甲烷的含量很少，但是甲烷对红外线能的吸收效率比二氧化碳高，因此甲烷对于地球温室效应具有重要影响。反刍动物甲烷产生量大约是全球动物和人类甲烷释放量的 95%，其中 90%的甲烷是在反刍动物前胃中产生的，仅有 10%来自后肠道发酵。

Foster 等(2006) 报道，每生产 1 kg 羊肉所释放的温室相当于 17.4 kg 二氧化碳，每生产 1 kg 牛肉所释放的温室气体相当于 13.0 kg 二氧化碳，每生产 1 L 牛奶所释放的温室气体相当于 1.32 kg 二氧化碳。

三、影响瘤胃甲烷产生的因素

(一)反刍动物种类

Kirchgessner 等 (1995)报道，不同反刍动物的甲烷释放量存在很大差异：奶牛 200～400 g/d，育肥牛 70～200 g/d，绵羊和山羊 10～30 g/d。动物的年龄、体重和生产性能对甲烷产生也有影响。Shibata 等 (1992) 报道，在饲养水平低于 1.5 倍维持需要的条件下，反刍动物的甲烷产量和干物质采食量(dry matter intake,DMI)之间存在线性相关关系：CH_4 (L/d) = 0.030 5 DMI (g/d) − 4.441，r = 0.992。IPCC(2006)总结了不同反刍动物的甲烷释放量(表 5.2)。

表 5.2 不同反刍动物每年的甲烷释放量 kg/头

动物种类	甲烷释放量
奶牛	109
其他牛	57
绵羊	5
山羊	5
马	18
小型马和驴	10
猪	1

来源：IPCC，2006。

(二)日粮

1. 精料/粗料比例

反刍动物的日粮组成包括精料、粗料及少量矿物质维生素添加剂。很多研究表明，日粮的精料/粗料比例对瘤胃发酵具有重要影响。作为瘤胃发酵过程之一，瘤胃产甲烷过程同样也会受日粮精料/粗料比例的影响。

粗料中碳水化合物主要由纤维素和半纤维素组成，在瘤胃中被微生物发酵，主要产物是乙酸，同时产生二氧化碳和氢。而精料特别是谷物类籽实的碳水化合物主要包括淀粉和糖，在瘤胃中被微生物发酵，主要产物是丙酸。瘤胃中的产甲烷菌能够以二氧化碳和氢为原料合成甲烷。因而，提高日粮的精料/粗料比例有可能降低甲烷的产量。

韩继福等(1997)研究了日粮纤维瘤胃降解量与肉牛甲烷产量之间的关系。研究结果表明，不同精粗比例日粮(0：100，25：75，50：50，75：25)的 NDF 或 ADF 的瘤胃降解量与肉牛甲烷释放量之间存在显著正相关关系。也就是说，NDF 和 ADF 的瘤胃降解量越多，甲烷产量也越多。但是，应用大量精料饲喂反刍动物会提高饲料成本，并且降低日粮中粗料的消化率。我国肉牛的典型日粮中，粗料比例一般高达 70%～80%，奶牛日粮中粗料比例为 50%左右。与非反刍动物相比，反刍动物具有有效消化利用粗料的能力，如果使用大量精料饲喂反刍动物，这本身是一种瘤胃功能的浪费。另外还有可能造成瘤胃内容物酸度过高,对反刍动物健康造成伤害。

2. 饲料加工处理

粗料的物理结构(粉碎细度)对瘤胃发酵及产甲烷过程也有影响。粗料颗粒过小会降低饲料在瘤胃中的停留时间以及瘤胃微生物作用的时间,减少反刍活动,因而降低甲烷产量。当然,饲料的消化率也会随之下降。如何能够降低甲烷产量而不降低饲料消化率是今后应该研究的重要问题。

粗料的氨化特别是麦秸和稻草的氨化处理是牛羊生产中常用的饲料加工技术。氨化处理能够提高动物的饲料采食量、消化率和粗蛋白采食量。但是,与未处理的大麦秸(8.4% 总能)相比,使用氨化大麦秸饲喂绵羊会导致甲烷产量(18.4%总能)升高 (Sundstøl,1986)。

李兵和赵广永(2011)分别应用 0、2%、4%、6%和 8%的尿素对稻草进行氨化处理,然后测定了不同处理的稻草的体外培养发酵的总产气量、甲烷、二氧化碳和 VFA 产量。结果表明,随着尿素水平的提高,氨化稻草的总产气量、甲烷、二氧化碳和 VFA 产量均升高。同时各处理之间总产气量与 VFA 的比值以及甲烷与 VFA 之间的比值差异不显著。这说明,氨化处理提高了稻草在瘤胃中的发酵效率和可消化性,但是同时也提高了甲烷和二氧化碳产量。如何提高 VFA 产量而不增加温室气体产量是需要解决的关键问题。从反刍动物营养的角度来说,秸秆氨化处理技术确实具有良好的效果,但是从地球环境保护的角度来说,这一技术尚有不足之处。

3. 去原虫处理

瘤胃原虫在甲烷前体的形成过程中发挥着重要作用。产甲烷菌附着在原虫表面,能够获得氢,用于合成甲烷。对瘤胃进行去原虫处理能够降低 30%～45%的甲烷产量 (Jouany 等,1988)。Popova 等 (2009)也报道,对绵羊瘤胃进行去原虫处理能够使瘤胃发酵转向丙酸发酵,降低甲烷产量。尽管去原虫处理能够降低甲烷的产量,但是在生产中对所有反刍动物进行去原虫处理显然存在很大的困难。同时,去原虫处理会造成一些不利的影响,例如,饲料消化率下降等。

4. 生产效率

研究表明,生产性能高的反刍动物释放的甲烷少于生产性能低的反刍动物。也就是说,生产性能高的反刍动物生产单位动物产品所释放的甲烷相对较少。因此,通过品种改良,提高动物的生产性能和生产效率是减少温室气体排放的重要途径之一。

5. 动物年龄

不同年龄阶段的反刍动物，温室气体的排放量不同。在保证畜群总体生产水平不降低的情况下，建立合理的畜群结构，有利于减少温室气体的排放。

6. 生产体系

对于奶牛场来说，奶牛可以被分为犊牛、后备牛、青年牛、产奶牛和干奶牛。不同生产阶段奶牛的甲烷释放量和生产效益有所不同。因此，可以考虑在奶牛场总经济效益不降低的情况下，合理地确定不同生产阶段奶牛头数的比例，使温室气体的排放量达到最低。另外，在反刍动物生产中，除了瘤胃发酵能够产生甲烷以外，反刍动物的排泄物在贮存过程中也会释放温室气体氧化亚氮（N_2O）和甲烷。因此，通过对反刍动物的排泄物进行合理贮存、加工处理，也是减少温室气体排放的重要措施。

随着世界人口的增加和人类生活水平的提高，需要生产越来越多的畜产品。反刍动物生产正面临着来自社会公众的越来越大的压力。如何满足人们对牛肉、牛奶等畜产品的需求且不影响地球的环境是科学家和整个人类社会面临的重要问题。为了解决这一问题，需要研究动物生产、饲料加工处理、日粮配合以及社会经济等多方面的相互关系，并且需要研究开发评价相互关系的模型。

四、减少瘤胃甲烷产生的技术途径

应用甲烷抑制剂饲喂反刍动物是减少瘤胃甲烷产量的重要途径之一。近年来关于甲烷抑制剂的研究已有大量报道。归纳起来，现有甲烷抑制剂主要分为六大类：长链脂肪酸、离子载体类抗生素、植物提取物、有机酸、卤代化合物和其他物质。

1. 长链脂肪酸

研究表明，富含中链饱和脂肪酸的椰子油、向日葵籽油、亚麻籽油、棕榈油和富含长链不饱和脂肪酸的菜子油、葵花籽油和亚麻油能够抑制瘤胃原虫和甲烷菌的活性，因此能够抑制甲烷产生，但是这些脂肪酸同时能够抑制纤维分解菌的活性，因而降低纤维素消化率。

Jordan 等（2006）研究了椰子油（coconut oil）对夏洛莱×利木赞杂交肉用后备牛甲烷产量的影响。日粮精粗比例为 50∶50，草青贮料为粗料。结果表明，日粮中添加 250 g/d 椰子油，原虫数量显著下降，甲烷产量显著下降。日增重提高。

Dohme 等（2000）应用瘤胃模拟技术研究了不同脂肪酸对瘤胃产甲烷过程的影响，添加量为 53 g/kg DM。结果表明，棕榈油（palm kernel oil）、椰子油和脱毒菜子油（canola oil）降低了甲烷产量、产甲烷菌数量和原虫数量及 NDF 降解率，但瘤胃液中 VFA 没有受到影响。

Martin 等(2008)研究表明,日粮中以蓖麻籽、膨化蓖麻籽或蓖麻油(linseed oil)的形式向日粮中添加 5.7%的蓖麻脂肪酸能够显著抑制奶牛瘤胃产甲烷过程,但是降低了 NDF 消化率。

Machmüller 等(2000)研究表明,日粮中添加椰子油能够降低甲烷产量,椰子油可能主要作用于产甲烷菌。

Soliva 等(2004)应用瘤胃模拟技术研究了日粮(干草、精料比例为 1∶1.5)中添加月桂酸($C_{12:0}$)和豆蔻酸($C_{14:0}$)对瘤胃产甲烷过程的影响。以牛瘤胃液作为接种物,以 48 g/kg DM 的水平添加月桂酸和豆蔻酸的混合物,发现当两种有机酸的比例为 4∶1 时,产甲烷菌数量下降,抑制产甲烷过程最佳,甲烷产量下降 60%。产甲烷菌群体也发生变化,其中 *Methanococcales* 数量增加,而 *Methanobacteriales* 数量减少。本研究表明,这两种有机酸在抑制产甲烷过程中具有协同作用(synergistic effect)。这两种有机酸对产甲烷菌具有直接抑制作用。

Machmüller 等(2003)研究了椰子油对绵羊瘤胃产甲烷过程的影响。向每千克饲料添加 50 g 椰子油降低了甲烷产量,对全消化道消化率和动物的能量沉积量均没有影响。

Jordan 等(2006)研究了大豆油和整粒大豆对青年公牛甲烷产量的影响,添加量为 6%大豆油/DM,大豆 27%/DM(相当于 6%大豆油),日粮精粗比例为 90∶10,粗料为大麦秸,精料为大麦+豆粕。两个处理均降低了每千克 DMI 的甲烷产量,对原虫数量没有影响,但两个处理也均降低了 DMI。另外,添加 27%的大豆造成日粮适口性下降,降低牛的生产性能。

Machmüller 等(2003)研究了绵羊日粮中钙和草的比例对豆蔻酸(50 g/kg DM)抑制甲烷效果的影响。结果表明,该有机酸抑制了瘤胃古细菌(*Archea*),对产甲烷菌组成没有显著影响,纤毛虫浓度下降,乙酸/丙酸摩尔比例下降。对产甲烷过程的抑制作用来自对产甲烷菌的直接作用。尽管该有机酸能够抑制甲烷产生,但是其作用的有效性受日粮影响成分的重要影响。

李文婷等(2008)研究结果表明,日粮中添加 4%的月桂酸或 4%的亚麻酸,可使体外培养发酵 24 h 的总产气量和甲烷产量显著下降,VFA 产量不变,乙酸/丙酸比例及原虫、真菌和甲烷菌数量显著下降。亚麻酸的作用效果大于月桂酸。

2. 离子载体类抗生素

瘤胃素是从霉菌 *Streptomyces cinnamonentis* 提取出来的成分,最初称为莫能菌素(monensin),其商业名称称为瘤胃素(rumensin)。莫能菌素的主要作用是调控消化的过程,影响瘤胃发酵类型,提高丙酸摩尔比例,降低乙酸的比例,降低甲烷的产量。莫能菌素、拉沙里菌素和盐霉素等离子载体抗生素可通过影响细胞膜通透性、改变微生物代谢活动而抑制原虫产和甲烷菌,因而能够降低甲烷的产量。但是瘤胃微生物能够对莫能菌素产生适应性和耐药性,因此抑制效果不能持久。另外,容易在畜产品中残留而对人体健康造成威胁。

Hook 等(2009)研究了长期使用莫能菌素对奶牛瘤胃产甲烷菌数量和多样性的影响。结果表明,全混合日粮中每千克 DM 添加 24 mg 莫能菌素预混料,长达 6 个月饲喂莫能菌素对瘤胃产甲烷菌的数量和多样性没有显著影响。

Wallace 等(1981)应用人工瘤胃研究了莫能菌素对瘤胃发酵的影响。结果表明,莫能菌素降低了乙酸和丁酸的产量,显著提高了丙酸的产量,使甲烷产量减少。Klaus 等(1985)研究也表明,莫能菌素可提高瘤胃 VFA 中丙酸的比例。

Guan 等(2006)研究了两种离子载体抗生素莫能菌素和拉沙里菌素(lasalocid)对 36 月龄安格斯牛消化道甲烷产量的影响。结果表明,在最初 2 周和 4 周内,分别饲喂两种抑制剂的牛的甲烷产量分别下降了 30%和 27%,瘤胃 VFA 浓度没有改变,乙酸/丙酸摩尔比例和氨氮浓度下降。原虫数量分别下降 82.5%和 76.8%。饲喂高精料日粮时,4 周以后原虫群体逐渐恢复,饲喂低精料日粮时 6 周以后原虫群体开始恢复。此后,没有显著变化。结果表明,甲烷产量与原虫数量有关。原虫群体能够对离子载体产生适应性,两种离子载体交替使用也不能改变原虫的适应作用。

Sauer 等(1998)研究了莫能菌素对荷斯坦奶牛甲烷产量的影响。结果表明,日粮中添加 24 mg/kg 的莫能菌素降低了甲烷产量,提高了产奶量,降低了乳脂率和乳脂肪产量。此前使用过莫能菌素的奶牛,好像对瘤胃微生物产生了适应性,继续处理不能产生持续作用。

Kung 等(2003)研究了蒽醌(9,10-anthraquinone)对绵羊瘤胃甲烷产量的影响,结果表明,饲喂 66 mg/kg 对日增重没有影响,瘤胃乙酸摩尔比例下降,丙酸摩尔比例升高,对全消化道的营养物质表观消化率没有影响。饲喂 500 mg/kg 抑制了甲烷产量,但是氢气浓度升高。在 19 d 的饲养试验中,没有发现瘤胃微生物对该物质的适应性。这表明该物质能够部分地抑制产甲烷过程。Garcia-Lopez 等(1996)应用人工瘤胃技术研究了 9,10-蒽醌对瘤胃发酵的影响。结果表明,日粮中 9,10-蒽醌从 0.5 mg/kg 提高到 5 mg/kg,降低了总 VFA 浓度,降低了乙酸摩尔比例,提高了丙酸、丁酸和戊酸的摩尔比例,降低了甲烷产量,提高了氢气产量。

3. 植物提取物

皂甙(saponin)能够抑制瘤胃原虫和产甲烷菌的活性(Wina 等,2005),提高丙酸摩尔比例、降低瘤胃氨氮浓度,因此能够抑制瘤胃甲烷产生。但是,皂甙对动物具有一定的毒性。植物挥发油的作用和莫能菌素相似，可以抑制革兰氏阳性菌，减少氢的产量。因此，能够抑制甲烷产生。但是也有研究表明，挥发油不仅不能抑制甲烷的产生，而且降低营养物质消化率。植物单宁能够直接抑制产甲烷菌和原虫活性，同时也能够与纤维素形成复合物，降低纤维素降解率，从而减少用于甲烷合成的氢，但是甲烷的减少要以降低饲料消化率为代价。

Hess 等(2003)研究表明，每克日粮中添加 100 mg 富含皂甙的热带水果 *Sapindus saponaride*（该水果的皂甙含量为 120 mg/g）能够抑制瘤胃产甲烷过程。

Tiemann 等(2008)研究了富含丹宁(tannin)的热带豆科灌木植物 *Calliandra calothyrsus* 和 *Flemingia macrophylla* 对生长羔羊甲烷释放量的影响。使用上述两种植物分别替代日粮中 1/3 和 2/3 其他牧草，降低了每天或单位重量饲料的 24%的甲烷产量，但这是由于有机物采食量和纤维消化率下降所造成的结果。

Beauchemin 等(2007)研究了来自白坚木树(quebracho)的浓缩丹宁提取物对安格斯后备牛甲烷产量的影响。提取物的丹宁含量达 91%，日粮中饲草占 70%，发现日粮中添加 2%的丹宁提取物不能降低甲烷产量，对日增重和营养物质采食量没有影响。对 DM 消化率、能量消化率和 ADF、NDF 消化率没有影响，但是 CP 消化率直线下降。

Puchala 等(2005)研究了富含丹宁的饲料 *Lespedeza cuneata* 和 *Digitaria ischaemum*＋*Festuca arundinaceac* 对山羊甲烷产量的影响。两种日粮的丹宁含量分别为 17.7%和 0.5%。结果表明，第 1 种日粮的 DMI 和可消化 DMI 高于第 2 种日粮，处理 1 的瘤胃氨态氮和血浆尿素氮浓度低于处理 2，两个处理之间瘤胃总 VFA 和乙酸/丙酸摩尔比例没有差异。处理 1 和处理 2 的甲烷产量分别为 6.9 g/kgDMI 和 16.2 g/kgDMI。结果表明，含高浓度丹宁的饲料降低了安哥拉山羊的甲烷产量。

Oliveira 等(2007)研究了高粱青贮料中不同丹宁水平对肉牛饲料消化率和甲烷产量的影响。结果表明，高水平丹宁降低了 NDF 瘤胃表观消化率，但是丹宁水平对全消化道消化率和甲烷产量没有影响。

4. 卤代化合物

溴氯甲烷、2-溴乙烷磺酸(2-bromoethanesulfonic acid，BES)是卤代甲烷类似物，能够有效抑制瘤胃中甲烷的产生，但是挥发性很强，并且对动物具有一定的毒性，且部分产甲烷菌会对其产生适应性，因此不能用做饲料添加剂。Knight 等(2011)的研究表明，对奶牛每天补充 1.5 mL 氯仿(chloroform)（在 30 mL 向日葵油中)能够有效抑制瘤胃产甲烷菌的活性、降低甲烷产量。对照组奶牛只加 30 mL 向日葵油,饲养试验进行 42 d。试验最初 1 周,效果最明显,但随着试验时间的延长,在第 42 天时,试验组的甲烷产量达到对照组的 62%。总 VFA 浓度不变,乙酸/丙酸摩尔比例下降,对瘤胃 pH 值、氨氮、饲料表观消化率均没有影响,产甲烷菌数量下降。但由于氯仿具有很强的毒性,因此在生产中也难以应用。

卤代化合物是最有效的甲烷抑制剂。卤代甲烷的类似物如溴氯甲烷能通过作用于辅酶 B 抑制甲烷生成。但是,溴氯甲烷由于挥发性太强而不能用做饲料添加剂,但溴氯甲烷-α-环式糊精复合物能够延长溴氯甲烷在瘤胃中的作用时间。2-溴乙烷磺酸是应用较广、效果较好的甲烷抑制剂,其特点是仅特异性地抑制产甲烷菌,而对其他微生物没有影响。2-溴乙烷磺酸是产甲烷菌中甲烷生成时与甲基转移有关的辅酶 F 的溴化物,可抑制辅酶 F 而抑制甲烷菌,但这类物质易挥发,长期使用对动物有一定的毒性,且部分甲烷菌会对其产生适应性。

5. 有机酸

丙酸前体物质延胡索酸可抑制瘤胃甲烷生成过程,降低乙酸/丙酸比例。但是添加高水平的延胡索酸显著降低瘤胃 pH 值,进而影响瘤胃内纤维素的消化。

Molano 等(2008)研究表明,羔羊日粮中延胡索酸(fumaric acid)添加量(%)与甲烷排放量之间存在负相关关系,但是添加延胡索酸并没有降低每千克日粮 DM 的甲烷排放量,因为添加延胡索酸降低了羊的 DMI。

Foley 等(2009)研究表明,肉牛日粮中添加 0、3.75%、7.5% 苹果酸(*DL*-malic acid),甲烷产量随着苹果酸添加水平的提高而下降,但同时动物的 DMI 采食量也下降,因此对动物生产性能存在不利作用。添加 7.5%苹果酸使甲烷的产量下降 16%,乙酸和丁酸/丙酸摩尔比例下降、原虫数量下降、瘤胃 pH 值升高。

Wood 等(2009)研究了包被延胡索酸产品对体外培养发酵甲烷产量的影响,以绵羊瘤胃液作为接种物,日粮中干草与精料比例为 49∶51。结果表明,甲烷产量下降 19%,瘤胃 pH 值没有受到影响,丙酸产量保持稳定。应用生长绵羊进行的试验中,添加 100 g/kg 未保护延胡索酸和保护延胡索酸使甲烷产量分别从 24.6 L/d 下降到 9.6 L/d 和 5.8 L/d。43 d 的活增重分别为 184 g/d、165 g/d 和 206 g/d,饲料转化率分别为 135 g/kg、137 g/kg 和 159 g/kg DMI。

6. 其他物质

Wright 等 (2004) 研究了两种抑制甲烷菌的疫苗 VF_3 和 VF_7,但是甲烷产量只降低了 7.7%。由于瘤胃产甲烷菌存在多样性,因日粮和地域的不同而存在很大差异，所以很难找到一种普遍适用的疫苗。Wedlock 等（2010）最近针对 *Methanobrevibacter ruminantium* M1 基因研究了一种疫苗，体外试验结果表明可以降低甲烷的产量，但是结果尚未在体内试验中得到证实。

硝态氮能够有效地抑制瘤胃甲烷的产生，但是硝态氮对动物具有一定的毒性。

从以上分析可以得知，如果不考虑其他影响，只是简单地抑制瘤胃甲烷的产生并不困难。但是，抑制瘤胃甲烷产生往往造成以下几个方面的问题：①在抑制甲烷产生的同时，饲料的瘤胃降解率或消化率也随之下降。也就是说，应用这些产品或技术途径抑制瘤胃甲烷产生必须以降低饲料的消化率为代价。②部分甲烷抑制剂对动物具有毒害作用。③瘤胃微生物区系对一些甲烷抑制剂产生适应性，长期使用这些甲烷抑制剂不能达到预期的目的。

五、减少反刍动物温室气体排放的困难

1. 反刍动物的饲养管理方式

从世界范围内来看，反刍动物的饲养管理方式包括舍饲、放牧和半舍饲半放牧等。另外大规模的畜牧场相对较少，而中小规模的畜牧场很多。特别是发展中国家，反刍动物的饲养相对更为分散。这对应用相应的技术措施抑制甲烷产生造成了很大困难。

2. 反刍动物数量持续增加

人类对于反刍动物产品的需求不断增加。一方面是由于生活水平的提高；另一方面是人口数量的增加。目前全世界人口为 70 亿。到 2050 年，全世界人口将达到 92 亿以上。这样就导致反刍动物的饲养量持续增加和温室气体排放总量的增加。

3. 技术困难

从技术角度来看，全世界反刍动物的种类、年龄、生产水平、生理状况等存在极大变异，饲料种类繁多，这给甲烷抑制剂的开发应用也造成了很大困难。

开发瘤胃甲烷抑制剂，必须考虑以下几个问题：①不降低饲料的瘤胃降解率和消化；②对反刍动物无毒无副作用；③成本低；④便于应用。实际上，仅仅满足这几个条件仍不能保证在生产中能够得到推广应用，因为生产单位关心的是经济效益。如果甲烷抑制剂的推广应用不能为生产单位带来经济效益，也难以推广应用。因此，还需要有关部门制定相应的措施。

第二节　反刍动物甲烷产量预测模型

准确地测定反刍动物的甲烷排放量是评定反刍动物饲料转化效率和对温室效应影响的基础。为了评价瘤胃甲烷对饲料能量利用效率和对地球温室效应的影响，必须准确地测定甲烷产量。目前测定反刍动物甲烷产量的方法主要包括呼吸测热室法、呼吸面具法和六氟化硫（sulphur hexafluoride，SF_6）示踪法等。由于测定甲烷需要花费大量人力、物力，因此在生产实践中不可能实际测定所有反刍动物的甲烷产量。解决这一问题的可能方法是，根据试验研究所建立的数学模型预测反刍动物瘤胃甲烷的产量。

一、现有预测瘤胃甲烷产量的数学模型

预测瘤胃甲烷产量的数学模型已有很多报道。早在 1930 年，Kriss 就提出了根据奶牛的干物质采食量(DMI)预测奶牛甲烷产量的一元线性模型：

$$CH_4(\text{Mcal/d})=(18+22.5\times \text{DMI (kg/d)})\times 0.013\,184\ (\text{Mcal/g } CH_4) \quad ①$$

后来 Axelsson(1949)提出了根据奶牛的 DMI 预测甲烷产量的二次曲线模型：

$$CH_4(\text{Mcal/d})=-0.494+0.629\times \text{DMI (kg/d)}-0.025\times (\text{DMI})^2(\text{kg/d}) \quad ②$$

Bratzler 和 Forbes(1940)在进行奶牛消化试验的基础上，提出了根据可消化碳水化合物采食量(digestible cabohydrates，dCHO)预测甲烷产量的一元线性模型：

$$CH_4(\text{Mcal/d})=(17.68+0.040\,12\times \text{dCHO (g/d)})\times 0.013\,184(\text{Mcal/g } CH_4) \quad ③$$

Blaxter 和 Clapperton(1965)根据奶牛的能量代谢情况，提出了在维持能量需要采食量条件下，根据奶牛的能量消化率、实际采食的维持能量水平和总能采食量(gross energy intake，GEI)预测甲烷产量的三元一次线性模型：

$$CH_4(\text{Mcal/d})=(1.30+0.112\times(\text{维持需要采食量下能量消化率，\%/GE})+\text{维持需要的倍数}\times(2.37-0.05\times\text{维持需要采食量下能量消化率}(\text{\%/GE})))/100\times \text{GEI (Mcal/d)} \quad ④$$

Moe 和 Tyrell(1979)将奶牛日粮碳水化合物区分为非结构性碳水化合物(NSC)、半纤维素(hemicellulose，HC)和纤维素(cellulose，C)，提出了根据奶牛的非结构性碳水化合物采食量、半纤维素采食量和纤维素采食量预测甲烷的三元一次相关模型：

$$CH_4(\text{Mcal/d})=0.814+0.122\times NSC(\text{kg/d})+1.74\times HC(\text{kg/d})+2.652\times C(\text{kg/d}) \quad ⑤$$

Holter 和 Young(1992)提出了根据奶牛活重(BW)、日粮酸性洗涤纤维(ADF)含量、ADF 消化率(ADFD)、可消化能(digestible energy，DE)、中性洗涤剂可溶物消化率(neutral detergent soluble digestibility，NDSD)、纤维素消化率(cellulose digestibility，CD)、半纤维素消化率(hemicellulose digestibility，HCD)以及总能采食量(gross energy intake，GEI)预测干奶期奶牛瘤胃甲烷产量的多元一次线性模型：

$$CH_4(\text{Mcal/d})=(12.12-0.00542\times BW(\text{kg})-0.0900\times ADF(\%DM)+0.1213\times ADFD(\%)-2.472\times DE(\text{Mcal/kg DM})+0.0417\times NDSD(\%)-0.0748\times CD(\%)+0.0339\times HCD(\%))/100\times GEI(\text{Mcal/d}) \quad ⑥$$

Wilkerson 和 Casper(1995)研究了上述经典模型预测瘤胃甲烷产量的效果。他们认为，Kriss (1930)提出的模型①最简单，只需要测定奶牛的 DMI 即可预测甲烷产量。该模型在奶牛的甲烷产量较低时比较准确。但是当甲烷产量较高时，预测值明显高于实测值。Axelsson(1949)提出的模型②也只需要测定奶牛的 DMI，但是该模型总是低估奶牛的甲烷产量，而且奶牛的 DMI 是一个非常笼统的概念，奶牛实际采食的营养物质成分不清楚，因此当奶牛的日粮成分发生变化时，使用上述模型①、模型②必然造成甲烷预测值产生误差。Bratzler 和 Forbes(1940)提出的模型③只需要测定奶牛的可消化碳水化合物，但是应用该模型得到的甲烷预测值和实测值之间存在较大差异。Holter 和 Young(1992)提出的模型⑥所需要的参数太多，不仅需要分析饲料的营养成分，而且需要进行消化代谢试验测定碳水化合物的消化率，才能应用该模型。在上述数学模型中，Blaxter 和 Clapperton (1965)提出的模型④和 Moe 和 Tyrell(1979)提出的模型⑤最准确，但是也在一定程度上存在高估或低估甲烷产量的问题。

Mills 等(2003)利用英国里丁大学奶牛研究中心的资料，分析了饲料营养成分与甲烷产量之间的相关关系，发现奶牛的 DMI 与甲烷产量之间的相关系数 $r^2=0.60$，奶牛的可代谢能采食量(metabolizable energy intake，MEI)与甲烷产量之间

的相关系数 $r^2=0.55$。日粮氮(nitrogen,N)、ADF 和淀粉与甲烷产量之间的三元一次相关曲线的 $r^2=0.57$,而奶牛日粮的粗饲料比例(%)和 DMI 与甲烷产量之间的二元一次相关曲线的 $r^2=0.61$。考虑到这些简单线性模型的相关系数较低,在此基础上,他们提出了预测瘤胃甲烷产量的 Mitscherlich 模型:$y=a-(a+b)e^{-cx}$。其中 a 和 b 分别为 y 的最大和最小测定值,c 为 y 随着 x 变化而变化的比率。在该模型中,$c=-0.0011\times$(淀粉/ADF)$+0.0045$($r^2=0.97$)。尽管该模型预测瘤胃甲烷产量的准确性比其他模型更高,但是需要在对多个试验的数据进行荟萃分析(meta-analysis)的基础上才能应用该模型,因此实际应用起来非常复杂,而且甲烷的预测值与实测值的平均方差高达 20.6%。

Ellis 等(2007)根据奶牛和肉牛的 DMI 提出了预测瘤胃甲烷一元线性相关模型(2007),但是该模型的最低平均方差也高达 28.2%。

$$CH_4(MJ/d)=3.27(\pm0.79)+0.74(\pm0.074)\times DMI(kg/d) \cdots\cdots\cdots ⑦$$

二、现有瘤胃甲烷预测模型存在的问题

从以上分析可以看出,模型①、模型②和模型⑦使用了传统的一元线性相关模型 $y=bx+a$,模型③使用了一元二次曲线相关模型 $y=b_0x+b_1x^2+a$,模型④、模型⑤和模型⑥使用了多元线性相关模型 $y=b_1x_1+b_2x_2+b_3x_3+\cdots+b_nx_n+a$,建立了瘤胃甲烷产量($y$)与饲料营养特性指标($x$ 或 $x_1,x_2,x_3,\cdots,x_n$)之间的关系。这些模型虽然能够在一定程度上阐明瘤胃甲烷产量与饲料特性指标之间的相关关系,但是预测甲烷的准确性均较低,在生产中难以广泛应用,因此必须研究能够更为准确地预测瘤胃甲烷产量的模型。

反刍动物为人类提供了大量的肉和奶。牛肉大约占全世界肉类总产量的 24%,羊肉大约占全世界肉类总产量的 5%。地球气候的变暖正在引起全世界的普遍关注。工农业生产和人类活动中排放的大量温室气体是造成地球气候变暖的主要原因。甲烷是造成地球温室效应的重要气体。反刍动物的瘤胃发酵是甲烷的重要来源之一。反刍动物温室气体的排放加重了地球的温室效应,牛羊生产正在面临越来越大的压力。如何解决这一矛盾,是全世界面临的重要问题。

第六章 反刍动物的能量与蛋白质代谢

第一节 反刍动物饲料能量价值评定

一、反刍动物对能量的利用

1. 总能

饲料总能(gross energy,GE)是饲料完全氧化或燃烧产生的热量。不同饲料的营养成分不同,不同营养成分的能量含量不同,因而导致不同饲料的总能含量不同。饲料总能实际上是有机物完全燃烧产生的热量。据报道,饲料碳水化合物的能量含量为 17.14 kJ/g,蛋白质为 23.62 kJ/g,脂肪为 39.50 kJ/g。这些营养成分总能之间的差异,反映了营养成分可被氧化的状况。饲料的总能可用氧弹测热仪进行测定。

总能是评定饲料能量价值的基础，但是总能含量并不能反映反刍动物对饲料的消化利用情况。例如，羊草、玉米、小麦麸和豆粕的总能含量分别为 17.52、17.08、16.93 和 18.36 MJ/g，这四种饲料的能量价值很接近。很显然，对于反刍动物来说，这四种饲料的能量价值肯定存在很大差异。饲料的总能含量高，并不能说明饲料对于反刍动物的能量价值一定高。因此，饲料能量价值的评定必须与反刍动物对饲料的消化利用结合起来。

2. 可消化能

反刍动物所采食的饲料营养成分，有一部分不能被消化，而通过粪便被排出。粪便所含的能量为粪能（faecal energy）。饲料总能减去粪能为表观可消化能（digestible energy，DE）。粪能的数量取决于饲料营养成分、加工处理方法以及动物的饲喂方式等因素。反刍动物粪便含有消化道中分泌的各种物质及脱落的上皮细胞，这些分泌物和上皮细胞也含有一定的能量。因此表观可消化能与真消化能之间存在一定差异。如果测定真消化能，必须减去粪能中的内源粪能。

3. 可代谢能

可消化能减去尿能和发酵气体能为可代谢能（metabolizable energy，ME）。甲烷是反刍动物消化过程中产生的主要气体，甲烷含有能量。甲烷的产生一方面造成饲料能量的损失，另一方面甲烷释放入大气后，会加重地球的温室效应。瘤胃发酵是甲烷产生的主要途径，后肠道发酵也产生少量甲烷。反刍动物的甲烷产量与饲料营养成分、饲料加工处理、饲喂方式以及动物的采食量有关。采取措施减少反刍动物的甲烷产量是提高饲料能量利用效率和缓解地球温室效应的重要方面。

4. 净能

可代谢能减去热增耗和发酵热所剩余的部分为净能（net energy，NE）。由于进食使动物增加一定数量的产热，这一部分热量为热增耗或体增热（heat increment，HI）。另外，在饲料发酵过程中也有热量产生，这一部分热量被称为发酵热。热增耗和发酵热难以被分开，因此一般把这两部分合在一起。净能可用于维持需要或生产需要。在满足维持需要的前提下，剩余的净能才用于生产。可代谢能转化为维持净能和生产净能的效率分别以 K_m 和 K_f 值表示，$K_m > K_f$。

二、测定反刍动物产热和能量沉积的方法

研究反刍动物对可代谢能的利用，必须研究反刍动物的产热量或在组织中沉积的能量。如果测定了其中一部分，另一部分就可计算出来。

(一)间接测热的原理

反刍动物在新陈代谢过程中,不断吸入氧气,呼出二氧化碳。在呼吸过程中,反刍动物体内的营养物质被氧化,产生热量。因此,可以通过测定反刍动物代谢过程中耗氧气量或二氧化碳产量来估计产热。研究表明,反刍动物的耗氧气量和二氧化碳产量与产热量密切相关。1 mol 葡萄糖在体内完全氧化需要 6 mol 氧气,就产生 2 813 kJ/mol 氧气或 20.93 kJ/L 氧气热量。各种碳水化合物在体内完全氧化产热的平均值为 21.10 kJ/L 氧气,混合脂肪完全氧化产热量为 19.60 kJ/L 氧气或 27.59 kJ/L 二氧化碳,蛋白质为 20.15 kJ/L 氧气或 24.58 kJ/L 二氧化碳。营养物质在体内完全氧化产生的二氧化碳与消耗的氧气之比被称为呼吸商(respiratory quotient,RQ)。典型碳水化合物的呼吸商值为:碳水化合物 1.00、混合脂肪 0.70、混合蛋白质 0.81。特定的碳水化合物、脂肪或蛋白质的呼吸商相对稳定。呼吸商一般为 0.70～1.00。

(二)间接测热的方法

直接测定动物的产热量非常困难,而测定动物呼吸过程中的耗氧气量或二氧化碳产量相对来说非常容易,而动物的耗氧气量或呼出的二氧化碳产量与产热量密切相关,因此可以通过测定动物的耗氧气量或呼出的二氧化碳产量,这是对动物进行间接测热的基础。测定动物呼吸过程中耗氧气量或二氧化碳产量需要特殊的设备或技术。这些设备包括闭路循环测热室、开路循环测热室、开闭式呼吸测热室以及呼吸面具和标记物技术等。

1. 闭路循环测热室

闭路循环测热室的原理是,将待测动物关闭在测热室内,使室内空气循环。将空气泵入氢氧化钾溶液吸收动物呼吸产生的二氧化碳,同时向室内输入氧气,维持室内气压。通过测定一定时间内动物的二氧化碳产量和耗氧气量,来估测动物的产热量。但是由于吸收二氧化碳需要大量氢氧化钾溶液,因此对于反刍动物难以应用。

2. 开路循环测热室

开路循环测热室(图 6.1)的原理是,保持室内空气流入和流出,通过测定空气流量和分析进入和离开呼吸室的气体组成,即可计算出动物在一定时间内耗氧气量和二氧化碳产量,然后估测动物的产热量。由于空气持续地流入和流出,气体成分变化较小,因此这种呼吸测热室需要安装敏感的氧气分析仪、二氧化碳分析仪、甲烷分析仪和氢气分析仪。

A（正面）

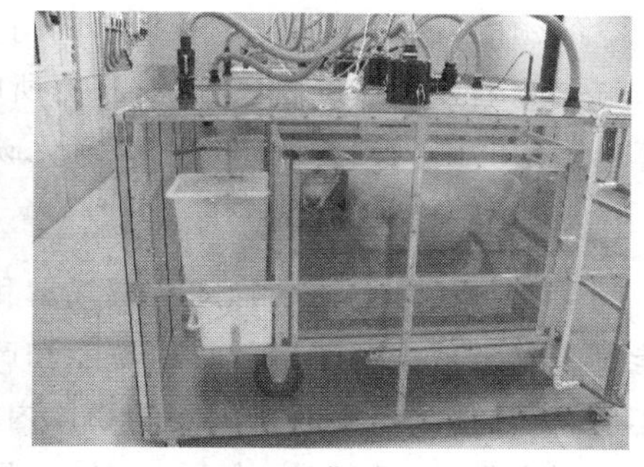

B（背面）

图 6.1　开路循环测热室

3. 开闭式呼吸测热室

开闭式呼吸测热室的原理是，先测定空气的组成，然后将动物放入测热室，将呼吸室关闭。动物呼吸一段时间后，分析前后呼吸室内空气组成的变化。将呼吸室打开换气。根据前后空气成分变化和呼吸室体积计算动物的耗氧气量和二氧化碳产量。这种呼吸室成本低，便于操作。

4. 呼吸面具

呼吸测热室能够控制室内温度，测定结果准确，但是不能携带，建设成本相对较高，另外有时需要到生产单位测定动物的产热量。在这种情况下，可以使用呼吸面具测定动物的耗氧气量和二氧化碳产量。呼吸面具的原理是：面具上安装有两条管子，管子上有阀门方向相反，使动物呼气和吸气时其中一个阀门打开，另一个阀门关闭，两条管子的另一端连接在一个密闭的贮气袋上，袋子中存放一定体积的空气，袋子体积大小和空气的体积根据动物的大小确定。袋子上还安装另一条管子，用于采集气体样品。在测定之前，首先采集袋子中的气体样品，然后连接呼吸面具，动物开始呼吸开始记录时间。经过一段时间的呼吸测定以后，采集袋子中的气体样品。摘掉呼吸面具，停止测定。使用呼吸面具测定动物的耗氧气量和二氧化碳产量需要注意，测定时间不能过长，以免袋子中的氧气太少，造成动物呼吸困难或窒息。

5. 六氟化硫示踪技术

放牧动物的活动性强，使用呼吸测热室或者呼吸面具均不方便。可以使用六氟化硫技术测定动物的耗氧气量或二氧化碳产量。该技术的原理是，以六氟化硫作为标记物，将能够缓慢释放六氟化硫的产品放置在瘤胃内，牛羊的脖子上带上抽成真空的颈枷，这种颈枷上装有控制阀门，能够收集牛从口腔中排出的气体。瘤胃中六氟化硫的释放速度是已知的，根据所收集气体的组成和六氟化硫的含量，即可计算出一定时间内动物的甲烷和二氧化碳排放量。

(三)比较屠宰试验

间接测热法是根据动物的耗氧气量和二氧化碳产量计算动物的产热量。动物的能量采食量减去粪能、尿能、甲烷能和产热量即为动物的能量沉积。与间接测热法相反，比较屠宰试验直接测定动物体内沉积的能量，而不考虑动物的产热量。该方法的要点是：选择年龄、体重、品种、性别及膘情相同的反刍动物，随机分组。试验开始前屠宰其中一组，分析动物体内的营养物质含量，作为反刍动物身体的初始营养成分。根据试验要求，采用一定的营养水平将另一组反刍动物饲喂一段时间，然后进行屠宰，分析该组动物体的营养成分含量。前后两组反刍动物体内的营养物质之差即作为在饲养试验阶段营养物质在反刍动物体内的沉积量。比较屠宰试验的优点是实际测定了营养物质在动物体内的沉积量。其缺点是，尽管两组反刍动物的条件相同，但毕竟存在一定差异，因此，将一组反刍动物的身体成分作为另一组的身体初始成分存在误差。另外屠宰试验的工作量大、试验和测定成本高。

(四)碳氮平衡法

碳氮平衡法的基本原理是：生长期和育肥期的反刍动物体内储存能量的最重要形式是蛋白质和脂肪，而以碳水化合物形式储存的能量很少。蛋白质的平均含氮量为16%、含碳量为51.2%。体脂肪不含有氮元素，含碳量为74.7%。如果测定反刍动物的碳氮采食量和排泄量，即可计算出反刍动物体脂肪、蛋白质和能量的沉积量。反刍动物碳氮平衡的计算方法如下。

N平衡＝食入N－(粪N＋尿N＋氨N)

蛋白质沉积(g)＝沉积N×6.25

蛋白质沉积的能量(kJ)＝沉积的蛋白质×5.7×4.18

C平衡＝食入C－(粪C＋尿C＋甲烷C＋二氧化碳C)

蛋白质沉积C＝沉积蛋白质×0.52

脂肪沉积C＝沉积C－蛋白质沉积C

脂肪沉积(g)＝脂肪沉积C×100/76.7

　　　　　＝脂肪沉积C×1.304

脂肪沉积能量(kJ)＝脂肪沉积×9.5×4.1

沉积能量＝蛋白质沉积能量＋脂肪沉积

应用碳氮平衡法测定反刍动物体脂肪和体蛋白沉积量时，除了需要进行呼吸试验测定动物产生的甲烷和二氧化碳以外，还需要进行消化代谢试验，测定动物的碳氮采食量以及粪尿中的碳氮排泄量。蛋白质、脂肪和碳水化合物在动物体内氧化的参数见表6.1。

表6.1　蛋白质、脂肪和碳水化合物在体内氧化的参数

成分	碳/%	氧化1 g消耗		氧化1 g产生		产热/kJ	呼吸商
		O_2(g)	O_2(L)	CO_2(g)	CO_2(L)		
蛋白质	52.00	1.366	0.957	1.520	0.774	23.83	0.809
脂肪	76.70	2.875	2.013	2.810	1.431	39.71	0.711
淀粉	44.45	1.184	0.829	1.629	0.829	17.56	1.000
蔗糖	42.11	1.122	0.786	1.543	0.786	16.55	1.000
葡萄糖	40.00	1.066	0.746	1.466	0.746	15.63	1.000

三、饲料综合净能的估测

根据析因法，肉牛的能量需要可被分为维持需要和增重需要两部分。在维持需要得到满足的情况下，多余的能量才会被用于增重。对于肉牛来说，可代谢能转化为维持净能的效率为K_m，可代谢能转化为增重净能的效率为K_f，K_m和K_f并不相等，因此对肉牛饲料能量价值的评定和确定肉牛的能量需要比较困难。据研究报道，$K_m>K_f$。为了解决这一问题，冯仰廉等(2000)提出了综合净能的概念以及K_m和K_f的计算方法：

$$K_m=0.1875\times(\mathrm{DE/GE})+0.4579,\ n=15,\ r=0.9952$$

$$K_f=0.5230\times(\mathrm{DE/GE})+0.00589,\ n=15,\ r=0.9999$$

式中：DE为饲料可消化能；GE为饲料总能。

肉牛饲料可消化能用于维持和增重的综合效率(K_{mf})的计算方法为：

$$K_{mf}=\frac{K_m\times K_f\times \mathrm{APL}}{K_f+(\mathrm{APL}-1)K_m}$$

式中：APL为生产水平，一般采用1.5。

K_{mf}乘以DE即为综合净能。

反刍动物日粮的可消化能需要进行消化试验进行测定，但是也可以根据日粮的营养成分进行估算(冯仰廉等，2000)：

$$能量消化率=[94.280\,8-61.537\,0(NDF/OM)]\times 100\%$$

$$或能量消化率=[91.669\,4-91.335\,9(ADF/OM)]\times 100\%$$

能量消化率乘以日粮总能即为可消化能。

根据可消化能和 NDF、ADF 及 OM，结合 K_m、K_f 和 K_{mf} 计算公式，即可计算出日粮的综合净能。

1. 肉牛能量单位

为便于配合肉牛的日粮，冯仰廉等(2000)提出了肉牛能量单位(RND)的概念。一个肉牛能量单位所含有的能量为 1 kg 标准玉米所含的综合净能(8.08 MJ)。

2. 产奶净能的估测

我国的奶牛饲养标准采用奶牛能量单位。一个奶牛能量单位为 1 kg 乳脂率含量为 4%的标准牛奶的能量含量，即 3 135 kJ。奶牛能量单位使用 NND 进行表示。冯仰廉和陆治年(2007)提出了产奶净能的估测方法：

$$产奶净能(MJ/kg\ DM)=0.550\,1\times 可消化能(MJ/kg\ DM)-0.395\,8$$

第二节　反刍动物饲料蛋白质营养价值评定

氮元素是反刍动物必需的营养成分。饲料中氮元素的存在形式很多，主要以真蛋白(氨基酸氮)和 NPN 形式存在。一方面，真蛋白和 NPN 对于动物的营养价值存在很大差异；另一方面，反刍动物的瘤胃微生物能够在一定程度上降解、转化含氮化合物，合成 MCP，这样使反刍动物的蛋白质消化代谢更为复杂。准确评定饲料含氮化合物对于反刍动物的营养价值以及确定反刍动物对蛋白质的需要量，是反刍动物营养研究的重要问题。评定反刍动物营养价值的体系主要包括 CP 体系和小肠可消化蛋白质体系等。

一、粗蛋白体系及其特点

粗蛋白(CP)是指饲料总氮含量乘以 6.25 所得出的蛋白质含量。饲料的 CP 指标不能区分真蛋白和 NPN 之间的差别。对于反刍动物来说，该指标不能有效地反映含氮化合物在瘤胃中代谢的过程。因此，CP 体系不能反映反刍动物对饲料蛋白质消化代谢的实际情况。该体系的主要问题是：没有考虑日粮 CP 有相当大的部分在瘤胃中被降解并合成 MCP 这一过程；没有区别真蛋白质和 NPN 的营养价值，饲喂相同数量粗蛋白质的日粮对于反刍动物并不一定产生相同的生产效果；CP 体系不能区分反刍动物小肠中的氨基酸氮和非氨基酸氮。但是，由于在生产实践中，评定体系的简单实用和可操作性非常重要，因此 CP 体系在反刍动物生产中仍然被很多单位应用。

二、新蛋白质体系及其特点

为了准确地评定反刍动物饲料蛋白质营养价值和反刍动物蛋白质需要量，针对 CP 体系的不足，一些国家提出了新蛋白质评价体系，包括法国小肠可消化蛋白质体系、中国小肠可消化蛋白质体系、美国的可代谢蛋白质体系等。这些体系的共同特点是：把从瘤胃流入真胃和小肠的蛋白质分为两部分：饲料 UDP 和 MCP。分别采用瘤胃尼龙袋技术（nylon bag technique）和微生物标记物技术（如 RNA、DAPA 等）分别测定这两部分蛋白质，然后将两部分相加，作为到达反刍动物后部消化道的总蛋白质。

1. 法国小肠可消化蛋白质体系（PDI）

该体系的要点为：到达反刍动物小肠的可消化蛋白质包括两部分，一是瘤胃中日粮 UDP 在小肠中可被消化的部分；二是 MCP 在小肠中被消化的部分。该体系规定，每千克 DOM 完全被瘤胃微生物作为能量利用，在可利用氮数量不受限制的情况下，可以合成 135 g MCP。MCP 的真蛋白质含量为 80%，微生物真蛋白的小肠真消化率为 70%。在可利用能数量不受限制的情况下，饲料 RDP 转化为 MCP 的效率为 100%，转化过程中氮元素没有损失，也就是说，MCP 产量等于 RDP。根据该理论，可以计算出两个 MCP 合成量：一是根据饲料 CP 含量及其瘤胃降解率计算得来的，即根据 RDP 估测的 MCP；二是根据饲料 DOM 计算出来的 MCP。当第二个值大于第一个值时，表明给微生物提供的可利用能相对较多而饲料 RDP 相对较少，必须补充 RDP 以使瘤胃能氮达到平衡；而如果第一个值大于第二个值，就需要补充饲料可利用能，才能使瘤胃能氮达到平衡。达到瘤胃能氮平衡有利于 MCP 合成效率的提高。

2. 中国小肠可消化蛋白质体系

该体系的要点是：到达小肠的可消化粗蛋白包括饲料 UDP 和 MCP 两部分。在饲料 RDP 数量不受限制的情况下，每千克可消化有机物在瘤胃中作为能量被瘤胃微生物完全利用,可以合成 144 g MCP,而在饲料可降解氮不受限制的情况下,每个 NND 的能量可用于合成 40 g 微生物粗蛋白;在可利用能不受限制的情况下,饲料 RDP 转化为 MCP 的效率为 90%。也就是说,大约有 10%的饲料氮在转化过程中被损失。这与法国小肠可消化蛋白质体系的转化效率 100%有明显不同。该体系采用瘤胃尼龙袋技术测定饲料的 UDP,采用瘤胃微生物标记物法结合瘤胃内容物标记物技术测定 MCP 合成量。将 UDP 和 MCP 相加,作为到达反刍动物小肠的可消化蛋白。

3. 美国可代谢蛋白体系

该体系的可代谢蛋白是指饲料的 UDP 和 MCP 在小肠中被吸收的数量,它与小肠可消化蛋白质概念基本相同,只是考虑了蛋白质在小肠中的吸收率。

4. 德国可利用粗蛋白(utilizable crude protein, uCP)和可利用氨基酸(utilizable amino acids, uAA)体系(Lebzien 等,1996)

上述这些体系的主要优点包括:反映了饲料含氮化合物在瘤胃中的降解与微生物蛋白质合成的过程;区分了 MCP 中的真蛋白质和 NPN;研究了影响 MCP 合成的因素;提出了到达后部消化道蛋白质的测定方法;阐明了到达后部消化道蛋白质的消化率等。但是这些均需要分别测定 MCP 合成量和日粮 UDP,然后将两部分加在一起、但在估测蛋白质降解率和 MCP 合成的方法方面存在问题。尼龙袋法一般被用于测定饲料的降解率,而^{15}N、RNA、DAPA 常被用做微生物标记物。尼龙袋技术本身存在很多问题,而微生物标记物的测定方法复杂,花费时间较长,且成本高。

Lebzien 等(1996)总结了几十年来在德国进行的 532 个试验,提出估测到达小肠的 CP 总量比分别估测日粮 UDP 和 MCP 要精确得多,他们提出了利用可消化有机物(DOM)、粗蛋白(CP)和 UDP 估测 UDP 的相关方程。即:

$$可利用粗蛋白\ uCP = UDP + MCP;$$

$$uCP = (187.7 - (115.4(UDP/CP)))DOM + 1.03\ UDP$$

uCP 的主要特点是,把 MCP 与饲料 UDP 合在一起,作为一个指标进行测定,改变了把这两部分蛋白质作为两个指标分开测定的传统方法,解决了现有反刍动物蛋白质体系技术复杂、准确性差的问题。

第七章 反刍动物营养研究技术概述

第一节 瘤胃内容物标记物技术

一、研究背景

瘤胃是一个动态的厌氧发酵罐。反刍动物采食饲料、饮水，同时不断分泌大量唾液。饲料、水和唾液不断地流入瘤胃，饲料营养成分在瘤胃中被微生物发酵，发酵产物一方面从瘤胃中流出，进入后部消化道。另一方面通过瘤胃上皮被吸收。饲料在瘤胃中停留时间的长短对饲料营养成分降解以及微生物蛋白质合成具有重要影响。因此，瘤胃内容物的外流速度或稀释率对于瘤胃发酵指标具有重要影响。因此，瘤胃内容物的外流速度或稀释率是反映瘤胃代谢的重要指标。对于活体反刍动物，可以从瘤胃后直接收集瘤胃内容物，以测定瘤胃内容物的外流量，但是这样做需要做手术，操作复杂，工作量大，容易造成动物死亡。在实际研究工作中，一般采用间接方法，即采用标记物方法测定瘤胃内容物的外流速度或稀释率。

二、作为瘤胃内容物标记物的条件

作为标记物，需要投入到反刍动物的瘤胃中，必须具备以下几个条件：对动物本身无毒无害；不被瘤胃消化吸收；不与消化道内其他成分发生化学反应；不被组织细胞或饲料颗粒吸附；回收率高；必须容易与瘤胃内容物混合。瘤胃内容物标记物包括液体标记物和固体标记物。常用的液体标记物包括聚乙二醇(polyethylene glycol，PEG)、乙二铵四乙酸铬(EDTA-Cr)和乙二铵四乙酸钴(EDTA-Co)。常见的固体标记物包括三氧化二铬(Cr_2O_3)和铬标记饲料。

三、液体标记物

1. 聚乙二醇

Hyden(1955)提出了聚乙二醇(分子质量 4 000)可以用做消化道液体标记物。Malawar 等(1967)提出了测定聚乙二醇的方法，这一方法后来被广泛应用于测定反刍动物消化道液体外流速度或稀释率研究。使用 PEG 作为液体标记物测定外流速度的特点是：配制溶液容易，但分析测定比较麻烦，达到较高的精确度比较困难。当饲料中丹宁含量较多时易发生沉淀。有部分聚乙二醇可能被消化道吸收。

PEG 溶液的配制方法为：称取 300 g PEG，溶于 1 000 mL 水，混合均匀，即为 30%的 PEG 溶液。

2. 乙二铵四乙酸铬(EDTA-Cr)

Downnes 和 McDonald(1964)提出使用 EDTA-^{51}Cr 测定瘤胃液稀释率精确度很高，可以利用^{51}Cr 的放射性来进行测定。Binnerts 等(1968)提出 EDTA-Cr 也可以用做液体标记物，其效果与 EDTA-^{51}Cr 相同。由于不需要测定放射性同位素，所以应用范围更广，使用更加方便。Uden 等(1968)比较了 EDTA-Cr、EDTA-Ce 和 EDTA-Co 作为液体标记物的效果，指出EDTA-Co 和 EDTA-Cr 的效果相同，并提出了合成上述标记物的方法。Uden 等(1982)使用 EDTA-Co 作为液体标记物测定了牛、山羊、绵羊、马和兔子的消化道液体的外流速度。由于 Cr 和 Co 可用原子吸收光谱仪直接测定，可节约很多药品和步骤，使分析工作可以快速准确地进行，特别是当样品量很大的情况下非常方便。

EDTA-Cr 的配制方法(Binnerts 等，1968)为：称取 14.2 g $CrCl_3 \cdot 6H_2O$ 于 800 mL 的烧杯中，溶于 200 mL 蒸馏水。用同样的方法，将 20 g EDTA 二钠溶于 300 mL 蒸馏水中，然后与 $CrCl_3 \cdot 6H_2O$ 溶液混合；加热至沸腾，而后微沸 1 h；加

入 4 mL 1 mol/L 的 $CaCl_2$ 溶液，中和多余的 EDTA；加入大约 50 mL 2 mol/L 的 NaOH，将 pH 调至 6～7；使用 1 L 容量瓶将溶液定容。

EDTA-Co 的配制方法(Uden 等，1980)：称取 25 g Co(Ⅱ)乙酸盐，29.2 g EDTA 和 4.3 g LiOH · H_2O(或 4.0 g NaOH)于 2 L 的烧杯中，加入 200 mL 蒸馏水溶解，必要时可加热。冷却后，加入 300 mL 体积浓度为 95%的乙醇，放入冰箱，过夜，然后过滤并用体积浓度为 80%的乙醇冲洗。将 EDTA-LiCo 样品放在显微镜下观察，呈棒状晶体。

四、固体标记物

固体标记物包括三氧化二铬和铬标记饲料。可以在化学试剂商店购买三氧化二铬(分析纯)，作为瘤胃内容物的固体标记物。而铬标记饲料需要在实验室进行制备。可以标记的饲料包括豆饼、玉米、干草等常用饲料。铬标记饲料的制备方法是：按照铬用量占待测饲料干物质的 4%～14%，称取重铬酸钠。将重铬酸钠溶于温水中，搅拌均匀。在容器上加盖，放入 100℃烘箱内，加热 24 h。然后使用自来水进行冲洗，至澄清，过筛。将铬标记饲料放入自来水中，加入抗坏血酸，使 pH 降至 4.0 以下，在室温下放置 12 h，然后放入 100℃烘箱中，烘干备用。在使用铬标记饲料前，需要测定铬的含量，并且使用尼龙袋技术，测定铬标记饲料的 24 h 瘤胃消失率，要求消失率低于 10%。

五、标记物的投入方法

1. 液体标记物一次性投入法

投入标记物前，首先需要参考有关文献，估测待测瘤胃液体积，以便确定应投入的标记物数量，使标记物在瘤胃液中的初始浓度、各采样时间点的浓度、特别是最后一个时间点标记物浓度处在仪器可测定的精度以内。如果投入标记物数量太多，则需要对瘤胃液进行稀释，如果投入标记物数量太少，则有可能造成难以测定。

操作步骤是：配制好标记物溶液，在反刍动物早饲后 1 h，吸入适当体积的注射器，注射器头部最好连接一段具有一定弹性的橡胶管。然后选择瘤胃背囊、腹囊等位置，分别注入部分液体标记物溶液。注射完毕后，使用注射器反复抽吸，以促进标记物与瘤胃液混合完全，然后开始记录时间。在向瘤胃中注入液体标记物后的各时间点，抽取一定体积的瘤胃液样品，冷冻保存，用于测定液体标记物的浓度。采集样品的时间范围一般为 72 h，采样时间点为 2、4、8、12、24、30、36、48、60、

72 h。

2.液体标记物持续灌注法

相对于瘤胃液体积，一般投入瘤胃的液体标记物溶液的体积很小，因此，采用一次性投入法向瘤胃中投放液体标记物存在的最大问题是：标记物与瘤胃内容物混合不均匀。为了解决这一问题，可以采用持续灌注法（仅对液体标记物）。所谓持续灌注法，即使用蠕动泵，采用一定的灌注速度，将液体标记物溶液持续地灌入瘤胃，连续灌注 72 h 以上。这样，液体标记物就能够和瘤胃内容物完全混合均匀，液体标记物的流入和流出达到一定平衡。停止灌注后，分别在不同时间点采取瘤胃液样品，冷冻保存，用于测定标记物浓度。

3.固体标记物的投入方法

向瘤胃中投入固体标记物的方法是：首先确定固体标记物的数量，然后把固体标记物与精料混合均匀，保证反刍动物能够无损地把铬标记饲料采食下去，然后记录投入标记物的时间。在投放后的不同时间点，通过真胃瘘管或十二指肠瘘管采集样品，将样品在 65℃的烘箱中烘干、粉碎，测定铬含量。另外一种投入固体标记物的方法是，从瘤胃中取出部分瘤胃内容物，将标记物与固体内容物混合均匀，然后再放回瘤胃。这一过程要求瘤胃内容物的温度要保持在 39℃。

六、单标记物的计算

1.液体标记物的计算

将标记物投入瘤胃后，瞬时标记物浓度的变化符合指数曲线（Hyden，1961）：

$$Y=ae^{-kt}$$

式中：Y 为瞬时标记物浓度；k 为瘤胃液稀释率；a 为估测的标记物在瘤胃内容物中的初始浓度；t 为采样时间。

使用该模型直接计算 k 和 a 比较困难。比较简单的方法是对模型取对数，使指数曲线转换为直线，然后使用一元回归方程求得 k 值和 $\ln(a)$，进一步求得 a 值。可以根据投入标记物的数量和标记物在瘤胃中的初始浓度计算瘤胃液的体积。已知投入瘤胃的标记物溶液体积和浓度，可以求得投入瘤胃的标记物总量 W。a 为根据曲线拟合估测的标记物在瘤胃液中的初始浓度。假设标记物与瘤胃内容物混合完全，则瘤胃液的体积（液相或固相）$V=W/a$。瘤胃液的外流速度为：$F=V\times k\times t$。

2. 固体标记物的计算

固体标记物浓度在瘤胃中的变化同样符合指数曲线：

$$f=f_0 e^{-kt}$$

式中：f 为十二指肠食糜中铬浓度达到高峰后的氧化铬浓度；f_0 为零时刻纵轴截距；t 为采样时间；k 为瘤胃固相的稀释率（%/h）。由于固体标记物的外流速度较慢，且不容易与瘤胃内容物混合均匀，因此一般不直接从瘤胃中采集样品，而是通过真胃瘘管或十二指肠瘘管采样。固体标记物模型中各参数的计算方法可参考液体标记物模型的计算方法进行。

七、双标记物的使用与计算

消化道食糜由液相和固相两部分组成。虽然分别使用液体标记物和固体标记物可以分别测定瘤胃内容物液体和固体的外流速度和稀释率，但实际上，瘤胃内容物样品均不是绝对的液体或固体样品，而是液体和固体各占一定比例的样品。而且，分别测定液体或固体的外流速度和稀释率意义均不如测定混合食糜的外流速度和稀释率大。这一问题可通过使用双标记物方法加以解决。

（一）原理与计算方法

1. 原理

假设向瘤胃中持续投入液相和固相两种标记物，并使流入和流出达到平衡，则通过采样点的两种标记物的分级浓度（fractional concentration）在任何时间点相等。

2. 计算方法

设：X 为食糜量（过滤或离心后得到）；Y 为液体量（过滤或离心后得到）；当加入 Y 后，重组的为 TD（真食糜）；SD、SF、STD 为可溶解的标记物的分级浓度；PD、PF、PTD 为固体颗粒标记物的分级浓度；

则

$$X\times SD + Y\times SF = X\times PD + Y\times PF$$

$Y/X=(PD-SD)/(SF-PF)=R$（重组因子，即获得真食糜时，应加入的液体的数量）

$(SD+R\times SF)/(1+R)=STD=(PD+R\times PF)/(1+R)=PTD$

真食糜流量 $TD=1/STD=1/PTD$

(二)实例

标记物	固相中浓度(g/kgDM)	液相中浓度(g/kgDM)	进食量(g/d)
PEG	31.24	61.97	37.5

$$SD=31.24/37.5=0.83 \quad SF=61.97/37.5=1.65$$

标记物	固相中浓度(g/kgDM)	液相中浓度(g/kgDM)	进食量(g/d)
Cr_2O_3	2.66	1.44	2.19

$$PD=2.66/2.19=1.22 \quad PF=1.44/2.19=0.66$$

$$R=(PD-SD)/(SF-PF)=(1.22-0.83)/(1.65-0.66)=0.394$$

每日食糜外流量(DM)$=1/STD=1/0.83+0.394\times1.65)/(1+0.394)=1/1.062=0.942$(kg)

或每日食糜外流量(DM)$=1/PTD=0.942$(kg)。

八、标记物测定方法的局限性

在实际研究工作中,往往会发现,实际测定的标记物初始浓度与拟合曲线求得的标记物初始浓度存在差异,或者后一个时间点的浓度高于前一个时间点的浓度。毫无疑问,这是由于标记物与瘤胃内容物混合不均匀造成的。

另外,不同的标记物测定的结果往往也有差异。赵广永和冯仰廉(1997)使用同一组绵羊,同时投入了 PEG 和 EDTA-Cr 两种标记物,发现使用两种方法测得的瘤胃液稀释率之间和瘤胃液体积之间存在显著差异,使用 PEG 法测得的两指标均高于 EDTA-Cr 法测得的结果。所以,在比较瘤胃液稀释率或瘤胃液体积时,最好比较使用相同标记物测定的结果。但由于没有绝对正确的测定方法,所以不能下结论哪一种方法更好。

利用标记物测定瘤胃内容物的体积或流出均为间接方法,这一间接方法都有一个基本假设,即瘤胃处于一种"稳定状态"。所谓稳定状态,即饲料和水的流入是稳定的,瘤胃内容物的流出也是稳定的,瘤胃内容物的体积保持不变的,尽管实际上这些是有变化的。

九、PEG 的分析测定方法(Malawer 和 Powell,1967)

将 PEG(牛 40~50 g,羊 10 g)溶解于 50 mL 蒸馏水中。用注射器注入瘤胃后开始记录时间。在注入标记物后 1.5、3、6、9、12 h 和 24 h,抽取瘤胃液样品,在 3 000 r/min下离心,然后将上清液在 18 000 r/min 下离心 30 min。

化学分析方法：将 1.0 mL PEG 标准液，瘤胃液离心上清液或蒸馏水（空白对照）移入 50 mL 三角瓶中。先加入 10.0 mL 蒸馏水，然后加入 1.0 mL 质量浓度为 10％的 $BaCl_2$ 溶液和 2.0 mL 0.3 N 的 $Ba(OH)_2$ 溶液。每加入一种溶液，轻轻摇动混匀。然后加入 2.0 mL 质量浓度为 5％的 $ZnSO_4 \cdot 7H_2O$ 溶液。将试管加盖，用力摇动。将试管放置 10 min 以上，然后使用滤纸过滤。将 2 mL 滤液移入干燥的试管中，加入 2 mL 3 mg/L 的阿拉伯胶溶液，轻轻摇晃。然后加入 2 mL 60％的三氯乙酸（或 10％ $BaCl_2$）溶液中。将试管加盖，来回倒置混匀 5 次，将试管放置 100 min。然后在 650 nm 下比色。然后根据标准曲线计算样品的 PEG 浓度。阿拉伯胶溶液应现用现配。

第二节　尼龙袋技术

一、研究背景

日粮蛋白质在瘤胃中可被微生物降解为肽、氨基酸和氨等成分。微生物以这些降解产物为原料合成微生物蛋白质。日粮非降解蛋白和微生物蛋白随着瘤胃内容物流入后部消化道，被反刍动物消化利用。日粮的其他成分例如碳水化合物在瘤胃中同样也能够在不同程度上被降解发酵。为了研究反刍动物营养物质的供给状况或评定饲料的营养价值，必须了解饲料营养成分究竟可在多大程度上被降解发酵。尼龙袋技术是目前解决这一问题的主要技术。

测定饲料瘤胃降解率的技术早在 20 世纪初就开始应用了。1938 年，Quin 等使用蚕丝制作的袋子测定饲料营养成分的瘤胃降解率，但由于蚕丝可在一定程度上被降解，因而容易造成误差，后来将蚕丝换成了人造纤维。1972 年，Schoeman 等利用尼龙袋评定了甲醛对瘤胃中蛋白质降解的影响。1977 年，Mehrez 和 Ørskov 建议应用尼龙袋作为常规方法来测定基础日粮及蛋白质补充料的瘤胃降解，并提出了饲料在瘤胃中降解的模型及操作规范。

二、有关概念

1. 瞬时瘤胃降解率 (instantaneous rumen degradability)

被测饲料样品在瘤胃中停留一定时间内，被降解的营养成分数量占饲料样品中该营养成分含量的百分比，称为该饲料营养成分的瞬时瘤胃降解率，计量单位为质量百分数(%)。

2. 瘤胃食糜外流速率(outflow rate of rumen digesta)

瘤胃食糜外流速率是表示饲料在瘤胃内停留时间的重要指标。该指标是指单位时间内从瘤胃中流出的食糜质量占瘤胃内食糜质量的百分比,计量单位以%/h表示。

3. 有效瘤胃降解率 (effective rumen degradability)

不同性质的饲料在瘤胃内实际停留的时间不同,根据不同时间点的实时瘤胃降解率,结合瘤胃食糜外流速率计算得到的降解率,称为有效瘤胃降解率。表示在实际饲喂条件下被测饲料在瘤胃中的降解程度,是配合反刍动物日粮时实际使用的降解率,计量单位以质量百分数(%)表示。

4. 培养时间 (incubation time)

指装有待测饲料样品的尼龙袋在瘤胃内放置的时间,计量单位以 h 表示。

三、材料与方法

1. 动物

一般应使用成年牛或成年绵羊作为试验动物,也可以根据研究目的使用山羊或水牛作为试验动物。动物至少应有 4 头。动物品种、年龄、生理状态和生产性能应相近,发育正常,健康状况良好。动物应安装永久性瘤胃瘘管,瘘管内径大于 40 mm。安装瘤胃瘘管手术应恢复 20 d 以上,恢复正常生理状态后,方可用于试验。

2. 动物的饲养管理

动物的日粮应根据牛(羊)品种、生产阶段、生产水平及当地饲料资源状况,选用常规的牛(羊)饲料原料,根据相应的饲养标准配合日粮。一般应按照 1.3 倍的维持需要营养水平进行饲养,日粮精粗料比例应为 4 : 6。对于特殊生理阶段或特殊生产阶段的牛(羊),可以采用高于 1.3 倍维持需要的营养水平饲养,但是在相关研究报告中应明确说明。日粮中不应添加任何抗生素、生长促进剂、微生物和微生态制剂,也不可添加寡糖、小肽、有机酸等调控或干扰瘤胃正常发酵的物质。应按照相应动物品种的饲养标准进行饲养管理,每天应饲喂 2～3 次,自由饮水。在进行正式测定前,动物至少预饲 15 d。在预饲期和正饲期,不应更换日粮或对动物进行免疫、治疗疾病及实施其他可能干扰瘤胃消化机能的任何措施。

3. 试验材料

（1）尼龙袋。应选用孔径为 40～60 μm 的尼龙布，制成长×宽为 12 cm×8 cm 的尼龙袋，袋底部两角呈钝圆形，以免饲料样品残留。尼龙袋的边应使用细涤纶线双线缝合。应使用在瘤胃内不易溶解的胶黏剂弥合缝合时所留针孔。尼龙袋散边应使用电烙铁烫焦或用酒精灯烤焦，以防尼龙布脱丝。应使用在瘤胃中不易褪色的墨水对新尼龙袋编号。应将新尼龙袋放置在瘤胃内 72 h，取出、洗净，在 65℃烘箱中烘干后，方可使用。

（2）半软塑料管。半软塑料管的作用是固定尼龙袋，并保证装有待测样品的尼龙袋始终沉浸于瘤胃食糜中。半软塑料管的直径应为 0.5～0.8 cm，用于羊的稍细，用于牛的稍粗。羊用半软塑料管长度为 25 cm，牛用半软塑料管长度为 50 cm。在塑料管的一端距顶端 1～2 cm 处，划出长度为 3 cm 左右的夹缝，用于固定尼龙袋。在塑料管的另一端距顶端 1～2 cm 处打一直径为 0.3 cm 的孔，系一条结实的尼龙线，用于将半软塑料管固定于瘤胃瘘管盖上。

4. 试验方法

（1）待测样品的准备。将待测样品进行风干处理，经过 2.5 mm 网筛粉碎，置于样品瓶内，于清洁干燥处保存备测。将尼龙袋、饲料样品置于 65℃烘箱内，干燥至恒重。用分析天平称取尼龙袋重量，然后采用适当工具将经称重的待测样品送入尼龙袋底部。每个尼龙袋中，精饲料称取 4 g 左右，粗饲料称取 2 g 左右。尼龙袋和待测样品的称量均应精确至 0.000 1 g。对于某些饲料样品，每个尼龙袋中的饲料样品量可根据其容量大小适当调整。

（2）尼龙袋的绑定。分别将两个装有待测样品的尼龙袋口交叉夹于一根半软塑料管底端的夹缝中，用橡皮筋缠绕固定，确保饲料样品不渗漏、尼龙袋不脱落（图 7.1）。

（3）尼龙袋的放置。在早晨饲喂前 1 h，打开动物的瘤胃瘘管盖，借助木棒（或其他适宜工具）将固定尼龙袋的半软塑料管连同尼龙袋一起送入瘤胃腹囊食糜中。使用半软塑料管上端的尼龙线将半软塑料管固定于瘘管盖上。也可以在不同时间点分别投样，最后将样品一起取出。也可以采用其他方法放置尼龙袋，但必须保证尼龙袋始终沉浸于瘤胃腹囊食糜中。

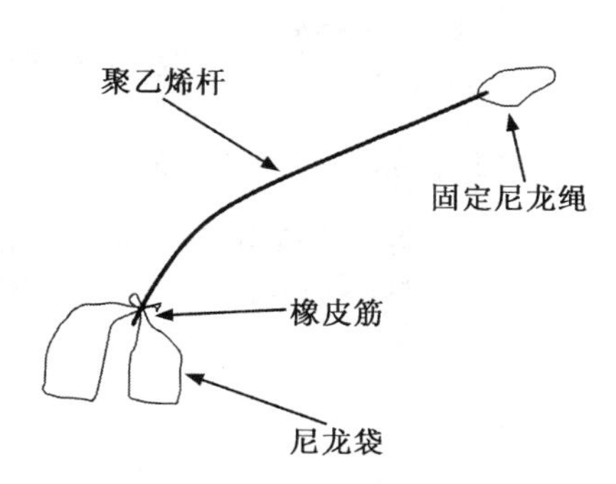

图 7.1　尼龙袋的绑定

（4）在瘤胃内的培养时间。精饲料的培养

时间点为:2,4,8,16,24,36 h 和 48 h。粗饲料的培养时间点为:4,8,16,24,36,48 h和 72 h。可根据待测样品的降解特性适当增加培养时间点,例如 1 h,12 h 等。

(5)尼龙袋从瘤胃内取出。将装有待测样品的尼龙袋放入试验动物的瘤胃后,开始记录培养时间,每个培养时间点从每头(只)动物瘤胃中各取出一根管(连同上面所系的 2 个尼龙袋),直至所有塑料管(尼龙袋)全部取出为止。

(6)尼龙袋的冲洗。将取出的尼龙袋浸泡在冰水中,并立即用自来水冲洗,在冲洗过程中可用手轻轻挤压,直至水澄清为止。在冲洗过程中应防止尼龙袋中的残余物随水逃逸。

(7)尼龙袋的烘干。将洗净过的尼龙袋(连同之中的残余物)置于 65℃ 烘箱内,干燥至恒重。称重精确至 0.000 1 g。

(8)样品与培养残余物营养成分含量的分析。分别将各培养时间点尼龙袋中的残余物完全转移出来。采用相应的国家标准测定饲料样品和尼龙袋残余物的营养成分含量,并换算为 65℃ 下的干物质含量。

(9)样品空白试验。饲料样品的部分细小颗粒可能不被降解而通过尼龙袋孔直接逃逸,此部分逃逸样品应通过空白试验进行校正。

5.结果计算

(1)装袋饲料样品量的校正

①装袋饲料样品逃逸率的计算

$$\text{装袋样品逃逸率}=\frac{\text{空白试验装袋样品干物质重(g)}-\text{空白试验袋中残余物重(g)}}{\text{空白试验装袋样品干物质重(g)}}\times 100\%$$

②校正装袋饲料样品量

$$\text{校正装袋饲料样品量(g)}=\text{实际装袋饲料样品量(g)}\times[1-\text{饲料样品逃逸率(\%)}]$$

(2)营养成分降解量的计算

$$\text{某营养成分某培养时间点的降解量(g)}=\left[\text{校正装袋饲料样品量(g)}\times\text{空白试验残余物中某营养成分的含量(\%)}\right]-\left[\text{某培养时间点残余物的重量(g)}\times\text{某培养时间点残余物中某营养成分的含量(\%)}\right]$$

(3)营养成分实时瘤胃降解率的计算

$$\text{某营养成分某时间点的瞬时瘤胃降解率}=\frac{\text{某营养成分某时间点的降解量(g)}}{\text{校正装袋饲料样品量(g)}\times\text{空白试验残余物中某营养成分的含量(\%)}}\times 100\%$$

(4)降解参数的计算。Ørskov 和 McDonald(1979)提出,大多数饲料在瘤胃中的降解规律符合指数曲线。

饲料营养成分的瞬时瘤胃降解率符合指数曲线

$$\mathrm{d}P=a+b\ (1-\mathrm{e}^{-ct})$$

式中:dP 为 t 时刻某营养成分的瞬时瘤胃降解率,%;a 为某营养成分的快速降解部分,%;b 为某营养成分的慢速降解部分,%;c 为 b 部分的降解速率,%/h;t 为饲料在瘤胃内停留的时间,h;$a+b$ 为饲料的最大降解量,$100-(a+b)$是在瘤胃中不能降解的部分。

利用各培养时间点的实时瘤胃降解率(P)和时间(t),采用最小二乘法,可以计算 a、b 和 c 值。也可以利用作图法进行计算。根据各个时间点的降解率,以时间为横坐标,降解率为纵坐标作图。将曲线的下端延长,曲线与 Y 轴相交点,为 a 值。如果发酵时间足够长,则曲线的最高点为 $a+b$。这样就可求得 b 值。将各时间点的降解率和 a、b 值分别代入降解模型,即可求得多个 c 值。取各个 c 值的平均值,为整个模型的 c 值。另一个较好的计算方法是将计算方法编成计算机程序,进行计算。

(5)有效瘤胃降解率的计算。根据上述方法求得的饲料降解率只是某一时间点的瞬时降解率,在同一试验中可以进行相互比较,但假如不同试验所设置的时间点不同,则不便进行比较。因此有必要求得能够代表饲料特性的降解率。饲料的瘤胃降解除了与饲料特性有关外,还与饲料在瘤胃中停留时间(或瘤胃内容物的稀释率 k)有关。Ørskov 和 McDonald(1979)通过推导,提出了计算饲料的瘤胃有效降解率的公式:

$$P=a+bc/(c+k)$$

式中:P 为某营养成分的有效降解率,%;a 为某营养成分的快速降解部分,%;b 为某营养成分的慢速降解部分,%;c 为 b 部分的降解速率,%/h;k 为某营养成分的瘤胃外流速率,%/h。k 值需要采用瘤胃内容物标记物技术进行测定。

四、尼龙袋技术的局限性

尼龙袋技术使用方便,特别是反映了瘤胃的真实环境,这是尼龙袋技术的优点。但是,影响尼龙袋技术测定结果的因素很多,包括饲料粉碎细度、尼龙袋尺寸、尼龙布孔径、尼龙袋在瘤胃中的位置、放置尼龙袋的时间以及尼龙袋取出后的冲洗方法和时间等。因此,容易造成测定误差,导致不同实验室或不同测定者的结果难以进行比较。为便于进行相互比较,必须对各种测定材料、测定步骤进行标准化。

第三节　反刍动物全消化道灌注营养技术

一、研究背景

饲料营养成分在瘤胃内可被瘤胃微生物降解发酵,同时产生 VFA 和微生物蛋白质等成分。这些成分被反刍动物作为营养物质消化利用。由于日粮营养成分及其降解率不同,使 VFA 产量和微生物蛋白质产量存在很大差别。另外,由于动物采食过程不连续,导致瘤胃环境呈现波动变化,从而使瘤胃成为一个非常复杂的系统。瘤胃微生物生长繁殖的状况对于反刍动物的营养物质供给具有直接影响。反刍动物的营养需要可以分为两个方面:一是瘤胃微生物增殖和生长的营养需要;二是动物本身的营养需要。这两个方面的营养需要密切相关。研究反刍动物营养需要的困难在于难以精确定量确定饲料成分在瘤胃发酵中的转化以及瘤胃微生物对动物本身营养需要的影响。全消化道灌注营养技术(intragastric nutrition technique)为解决这一问题提供了可能性。

全消化道灌注营养技术已经历了 40 多年的发展过程。最初的灌注只是为了研究反刍动物对各种灌注营养物质如 VFA 和蛋白质等营养物质的利用情况,而这一系列的灌注却导致了完全灌注营养技术的发展;反过来,这一技术又为反刍动物营养研究提供了很大方便。Armstrong 和 Blaxter(1957a,b)向绵羊瘤胃内灌注乙酸、丙酸和丁酸来代替基础日粮中部分干草的效果。Hovell(1972)研究了饲喂绵羊 VFA 盐的效果。Tao 和 Asplund(1975)研究了向绵羊瘤胃中灌注部分中和的 VFA,同时向静脉中注射氨基酸的效果。Ørskov 等(1979)总结前人的经验,向绵羊消化道中灌注了所有的营养物质,包括 VFA、酪蛋白、矿物质、微量元素和维生素。由于采用灌注营养的动物不采食饲料,唾液分泌很少,故不能维持瘤胃 pH 值在正常范围之内,容易造成酸中毒死亡。为了解决这一问题,Ørskov 等(1979)提出了保持瘤胃 pH 值相对稳定的方法,即在灌注 VFA 的同时,向瘤胃中灌注缓冲液。根据使用绵羊的试验结果,MacLeod(1982)对牛进行了完全灌注营养,也取得了良好的结果。灌注营养是指不喂反刍动物饲料,而是根据动物的营养需要向动物瘤胃中灌注 VFA 和缓冲液并向真胃中灌注蛋白质及其他营养物质，以维持动物正常生理状态的技术。由于进行灌注营养的动物没有瘤胃发酵过程，不采食任何饲料，使复杂的瘤胃系统变为简单模型，这就为反刍动物营养需要及瘤胃上皮对营养成分的吸收的研究提供了方便。

二、材料与方法

1. 动物

装有瘤胃瘘管和真胃插管（或瘘管）的绵羊，进行瘘管手术以后，至少要恢复两周以后，才能用于试验。在恢复过程中最好饲喂优质饲料进行催肥。瘤胃瘘管内径为 14 mm，瘘管中装有 4 条插管，插管内径为 4 mm，外径 7 mm，长150 mm，以保证灌注液直接灌入瘤胃液中，其中一条插管用于灌注 VFA 溶液，两条用于灌注缓冲液，另一条用于采集瘤胃液样品。真胃插管为聚乙烯管，内径为 4 mm，外径 7 mm，长 40 cm（Ørskov 等，1979）。

2. 灌注液的配制（MacLeod 等，1982）

对于进行全消化道灌注营养的动物，所有营养物质，包括蛋白质、能量、矿物质、维生素和微量元素等均需要通过灌注方式提供。需要说明的是，灌注的营养物质还必须包括水溶性维生素，因为进行灌注营养的动物，没有瘤胃微生物活动，也不能向正常饲养的反刍动物那样，能够从瘤胃微生物的活动中获得水溶性维生素。需要配制的灌注液包括酪蛋白液、VFA 溶液、缓冲液、矿物质液、维生素液和微量元素液。为了减少每天分批配制灌注液的工作量，一般均配制浓度较高的储备液。这样每天根据灌注需要，取部分储备液稀释即可。

（1）10％的酪蛋白储备液。用于向反刍动物提供蛋白质。由于进行灌注营养的反刍动物没有瘤胃发酵，因此不能灌注非蛋白氮。配制方法是：称取 1 000 g 酪蛋白和 54 g Na_2CO_3 放在 8 690 g 水中溶解，再加入 256 g 多种维生素溶液，用电动搅拌机搅拌均匀，混合液重量为 10 000 g。该溶液能量浓度约为 2.023 9 kJ/g，含氮量为 0.013 3 g。使用前最好实测酪蛋白的能量和含氮量。

（2）VFA 储备液。称取 4 853 g 乙酸，1 840 g 丙酸，877 g 丁酸，180 g $CaCO_3$，溶于 2 250 g 水中，总重为 10 000 g；乙、丙、丁酸摩尔比为 65：25：10，溶液的能量浓度约为 11.66 kJ/g。

（3）缓冲液储备液。称取 730 g $NaHCO_3$，380 g $KHCO_3$，70 g NaCl，溶于 8 820 g 水中，总重 10 000 g。

（4）矿物质储备液。称取 150 g $Ca(H_2PO_4)_2 \cdot H_2O$，175 g $MgCl_2 \cdot 6H_2O$ 溶

于 9 775 g 水中，总重 10 000 g。

(5)维生素储备液。称取 5.0 g 硫胺素，4.0 g 核黄素，4.0 g 尼克酸，825.0 g 氯化胆碱，2.0 g 吡哆醇，0.1 g 对氨基苯甲酸，6.3 g 泛酸钙，0.2 g 叶酸，0.03 g 维生素 B_{12}，150.0 g 肌醇，0.6 g 生物素，0.5 g 维生素 K，10.0 g 维生素 E，溶于 6 000 g 水中，另加 1 L 乙醇，2 L 亚油酸和 2 L 鱼肝油，搅拌均匀。

(6)微量元素储备液。称取 208.0 g $FeSO_4 \cdot 7H_2O$，12.2 g $ZnSO_4 \cdot 7H_2O$，11.1 g KI，5.8 g $MnSO_4$，2.5 g $CuSO_4 \cdot 5H_2O$，2.2 g $CoSO_4 \cdot 7H_2O$，7.9 g NaF，溶于 10 000 g 水中。

3. 灌注液体积的计算

计算灌注液体积需要考虑两个问题：一是反刍动物的营养物质需要量，包括蛋白质、能量、矿物质、维生素、微量元素。各种营养物质需要量需要根据动物的饲养标准进行计算。二是灌注液的体积。根据各种营养物质需要量和储备液营养物质的含量，可以确定动物所需要的储备液需要量，但是储备液浓度很高，必须进行适当稀释后，才能用于灌注，否则很有可能造成动物死亡。灌入动物体内的水分最终要从尿中排出，而动物肾脏的排泄能力是一定的，因此稀释后液体的灌注量不能超过一定限度。试验结果表明，灌入动物体内的溶液不应超过 900 g/kg $W^{0.75}$，否则可能导致动物死亡。举例说明如下。

设绵羊能量维持需要为 450 kJ/kg $W^{0.75}$，蛋白质维持需要为 350 mg N/kg $W^{0.75}$。设灌注采用 1.2 倍能量维持水平，1.3 倍蛋白质维持水平，绵羊活重为 27 kg，代谢体重 $W^{0.75}$ 为 11.8 kg，酪蛋白液(10%)含氮量为 0.013 3 g/g。酪蛋白液能量浓度为 2.023 9 kJ/g，VFA 溶液能量浓度为 11.66 kJ/g。则动物的能量需要为：$11.8 \times 450 \times 1.2/11.66 = 546.5$(g) VFA 溶液，蛋白质需要为：$11.8 \times 0.35 \times 1.3/0.0133 = 403.7$(g)酪蛋白液；酪蛋白液的能量为：$403.7 \times 2.023\ 9 = 817.0$(kJ)。如果对动物的能量供给要求精确，则酪蛋白液的能量应从 VFA 溶液中扣除，即应减少 $403.7 \times 2.023\ 9/11.66 = 70.1$(g) VFA 溶液。矿物质溶液需要为：$11.8 \times 1.4 = 16.5$(g)。微量元素溶液需要为：$11.8 \times 1 = 11.8$(g)。多维素已包括在酪蛋白溶液中。

将称出的 VFA 溶液、缓冲液储备液和酪蛋白液分别加自来水稀释至 2.6 kg、5.6 kg (2.8×2)和 2.4 kg。稀释后的 VFA 溶液与缓冲液重量之比小于或等于 1∶2。用蠕动泵将 VFA 溶液和缓冲液持续灌入瘤胃，酪蛋白液持续灌入真胃，用注射器将微量元素液通过插管注入瘤胃。对于整个动物的灌注水平为：$(2.6+5.6+2.4)/11.8 = 0.90$ kg/kg $W^{0.75}$，对于瘤胃为：$(2.6+5.6)/11.8 = 0.69$ kg/kg $W^{0.75}$。

三、操作方法

使用可以准确调节流速的蠕动泵作为灌注工具。首先调节蠕动泵流速，以使灌注液在 24 h 内能够完全灌入动物消化道内；将试验动物移入消化代谢笼，连接灌注管。灌注 VFA 溶液和缓冲液的管子通入瘤胃，灌注酪蛋白（包括维生素）的管子通入真胃。通入瘤胃的管子包括 4 条。其中一条用于灌注 VFA 溶液，两条用于灌注缓冲液，一条用于采集瘤胃液样品，以便检查瘤胃液 pH 值。通入真胃的管子只有一条。使用两条管子灌注缓冲液的目的是防止灌注缓冲液的管子发现问题，而 VFA 溶液的灌注照样进行，造成动物发生酸中毒。为防止通入真胃和瘤胃的管子颠倒，可用不同颜色作标记，以区分 VFA、缓冲液和酪蛋白灌注液。灌注开始后，停止给动物提供任何饲料，只提供饮水。随着灌注过程的进行，瘤胃内饲料颗粒逐渐减少，大约 7 d 后瘤胃完全排空，瘤胃发酵停止。灌注开始后，要随时抽取瘤胃液，测定 pH 值。pH 值应保持在 6～7。若低于 5.8，应适量增加缓冲液。灌注期间要保证灌注管子的畅通，防止堵塞或断裂。如果动物出现酸中毒症状，例如瘤胃液 pH 偏低、精神委靡不振、口流唾液或卧倒不起等，应立即停止灌注 VFA 溶液，同时适量增加缓冲液灌注量。每天早晨配制灌注液，并且称重记录。第 2 天同一时间，应对剩余的各种液体重量称重并作记录。根据剩余情况，适当调节蠕动泵流速。待灌注过程稳定，动物状态恢复正常后，才能进行有关指标的测定。

灌注结束后，将动物移入圈内，开始饲喂少量优质干草，以后逐渐增加。瘤胃内可自动建立起微生物区系。为了加快建立微生物区系，可以从正常饲养的反刍动物瘤胃中抽取瘤胃液，接种于停止灌注营养的反刍动物瘤胃中。

四、反刍动物全消化道灌注营养技术的应用

正常饲养的反刍动物由于采食不连续，使瘤胃 VFA、氨态氮、pH 值和渗透压等指标呈现波动变化，饲料在瘤胃中的发酵程度以及各种营养成分的降解与合成难以精确测定，为研究瘤胃上皮对各种成分的吸收造成了困难。连续饲喂虽然可以使瘤胃环境基本处于稳定状态，但饲料成分在瘤胃中的发酵程度及发酵产物仍然难以精确定量。反刍动物全消化道灌注营养技术克服了瘤胃环境变化，及瘤胃发酵产物难以精确定量的问题，因此该技术可以应用于反刍动物营养研究的许多方面。

1. 瘤胃上皮对 VFA 的吸收规律

应用灌注营养技术可以研究瘤胃上皮对 VFA、水分和矿物质离子的吸收量。已知灌入瘤胃的有关成分的数量，借助液体标记物技术测定从瘤胃中流入后部消

化道的有关成分数量，即可计算出通过瘤胃上皮的吸收量。Zhao 等(1995)应用这一技术研究了绵羊瘤胃液渗透压与瘤胃上皮水吸收之间的关系，并建议把这一关系应用于正常饲喂的绵羊，计算瘤胃上皮对水分的吸收量，然后根据瘤胃内水平衡计算唾液分泌量。

2. 反刍动物能量与蛋白质代谢之间的关系

由于进行全消化道灌注营养的反刍动物没有瘤胃发酵过程，灌入消化道的VFA 和酪蛋白的数量可以精确定量，而且可以根据试验研究的需要，调整 VFA(能量)和酪蛋白的比例，因此可以非常方便地研究能量和蛋白质代谢之间的关系。而对于正常饲养的反刍动物，由于难以准确确定瘤胃发酵能量物质和微生物蛋白质产量，因此，非常不便于进行能量和蛋白质代谢之间关系的研究。

3. 研究内源尿氮及其他物质的排泄

测定反刍动物的内源尿氮排泄量是测定反刍动物蛋白质需要量的基础。对于正常饲养的反刍动物，测定内源尿氮很困难。而使用灌注营养技术可以方便地控制酪蛋白的灌注量，因此可以直接停止灌注酪蛋白，而能量(VFA)及其他营养物质灌注照样进行，待反刍动物代谢稳定后，测定尿中所排泄的氮，即为内源尿氮。Fujihara(1987)应用灌注营养技术研究了向真胃内灌注蛋白质对尿中嘌呤衍生物排泄的影响。Verbic 等(1990)研究了向牛瘤胃内灌注微生物核酸对尿中嘌呤衍生物排泄的影响。

因为进行灌注营养的动物与正常饲养的动物在生理状态上存在一定差异，所以把灌注营养动物的试验结果直接用于正常饲喂的动物可能存在一定的误差，今后有必要在这方面进行比较研究。

第四节　人工瘤胃技术

一、人工瘤胃的原理

反刍动物的瘤胃是一个动态发酵罐，饲料、唾液和水不断流入瘤胃，饲料营养成分在瘤胃中被微生物发酵、转化，同时发酵产物被瘤胃上皮吸收或从瘤胃中流出，进入后部消化道。根据瘤胃发酵的特点，使用仪器设备在体外模拟瘤胃的发酵条件，这样的模拟装置就是人工瘤胃(artificial rumen)或瘤胃模拟技术(rumen simulation technique，RUSITEC)。人工瘤胃必须满足以下几个条件：温度 38～

41℃、pH 值 6～7、无氧气存在、渗透压 260～340 mOsm/kg，有缓冲酸度的物质，必须接种瘤胃微生物。另外，还需要摇动发酵容器以模拟瘤胃的蠕动，使瘤胃内容物混匀。

二、人工瘤胃的类型

人工瘤胃的类型很多。根据研究的目的可把人工瘤胃分为短期发酵人工瘤胃和长期发酵人工瘤胃。

1. 短期发酵人工瘤胃(short-term artificial rumen)

短期发酵人工瘤胃的特点为：结构比较简单。最简单的人工瘤胃就是一个模拟瘤胃发酵特点的试管或三角瓶。将饲料和培养液(包括瘤胃液和缓冲液)加入发酵容器，同时通入二氧化碳气体，造成无氧环境，将发酵容器密封，并放置在 38～39℃恒温水浴中，即可模拟瘤胃发酵。在发酵过程中这种短期人工瘤胃，发酵产物不能排出，会造成积累，因此发酵时间不能太长，一般为 24～72 h。

2. 长期发酵人工瘤胃(long-term artificial rumen))

长期发酵人工瘤胃能够最大限度地模仿瘤胃的特点。长期发酵人工瘤胃的结构比较复杂。Czerkawski 等 (1969) 提出了长期发酵人工瘤胃的技术，并设计了长期发酵人工瘤胃。长期发酵人工瘤胃的特点是，发酵基质和人工唾液不断流入发酵容器，发酵产物和发酵液也不断流出，使人工瘤胃发酵处于动态平衡中。这样发酵可连续进行数周或数月。这种长期发酵人工瘤胃可用于微生物的体外连续培养。

三、人工瘤胃的应用

(一)根据体外发酵产气量比较不同饲料的可利用程度

1. 基本原理

饲料在瘤胃发酵过程中，会产生大量气体。饲料的可消化性越高，产气量就越多。因此产气量可以被用于比较不同饲料的可发酵程度。Menke 等(1979)提出了应用短期人工瘤胃法测定饲料产气量，并用来估测饲料可消化率和可代谢能含量的方法。

2. 基本方法

以刻度容积为 100 mL 的注射器作为发酵器，每个注射器中称人 0.200 0 g 饲料样品。在试验牛或羊早饲前，从瘤胃中抽取 300 mL 瘤胃液，经过四层纱布过滤。将过滤后的瘤胃液持续通入二氧化碳气体，并将装有瘤胃液的容器保存在

39℃水浴中。

将 300 mL 瘤胃液与 600 mL 混合培养液混合均匀。混合培养液由 400 mL 水，0.1 mL 培养液 A（13.2 g $CaCl_2 \cdot 2H_2O$，10.0 g $MnCl_2 \cdot 4H_2O$，1.0 g $CoCl_2 \cdot 6H_2O$，8.0 g $FeCl_3 \cdot 6H_2O$，溶于 100 mL 水中），200 mL 培养液 B（39 g $NaHCO_3$，2 g NH_4HCO_3，溶于 1 L 水中），1 mL 树脂天青（0.1%）和 40 mL 还原液（95 mL 水，4 mL 1 mol/L NaOH 和 0.625 g $Na_2S \cdot 9H_2O$）。混合培养液在使用前通入 CO_2，放入 39℃水浴中。

每个注射器中吸入 30 mL 混合培养液，密封注射器头部，读取活塞刻度，记录。放入 39℃恒温水浴内。根据预定的时间点读取并记录活塞刻度。特定时间点的刻度减去初始刻度为该注射器在这一段时间内的产气量，再减去空白对照的产气量，即为样品在这一段时间内的产气量。

试验证明，根据这一方法配制的缓冲液可以很好地缓冲饲料发酵过程中产生的 VFA。发酵时间达到 48 h 时，发酵液的 pH 值仍在瘤胃发酵的正常范围 pH 值范围内（6.0～7.0）。

Krishnamoorthy 等（1991）应用 Menke 的方法研究了产气量和微生物蛋白质合成之间的关系，发现两者之间存在线性关系。Sobarinoto 等（1992）应用短期人工瘤胃发酵产气量作为估测稻草消化率和采食量的指标，并应用 Ørskov 和 McDonald（1979）的饲料瘤胃降解模型分析了饲料发酵的产气量，认为可以将气体分为饲料快速降解部分的产气量和慢速降解部分的产气量，并可计算出慢速降解部分的产气速度。

根据体外培养发酵的产气量，结合消化试验测定日粮的可消化能，还可以出计算日粮的可代谢能（Menke 等，1979）。该方法需要首先测定 200 mg 饲料在 24 h 内的产气量（Gb，mL），另外，需要测定饲料的粗蛋白质（CP，g/g）、粗纤维（CF，g/g）和粗脂肪含量（EE，g/g）。估测可代谢能（ME，MJ/kg）的方程为：

$$ME = 0.1074(\pm 0.00077)\ Gb + 10.6(\pm 0.076)CP + 17.1(\pm 0.29)CF + 5.04(\pm 0.086)\ EE - 0.098$$

$r = 0.98$，R S D. $= 0.209$，$n = 75$。

（二）应用人工瘤胃技术测定饲料消化率（Tilley 和 Terry 的方法）

1. 基本原理

反刍动物的消化过程主要包括两个步骤：第一步是瘤胃消化，在瘤胃微生物的作用下进行；第二步是真胃消化，主要在胃蛋白酶的作用下进行。Tilley 和 Terry 的方法分两步：第一步，利用人工瘤胃模拟瘤胃消化过程；第二步，在第一步消化的基础上，再利用胃蛋白酶进行消化，模拟真胃消化过程。研究结果表明，利用该技术测定的DM消化率和用动物测定的DM消化率之间存在高度相关：

$$Y = 0.99X - 1.01（标准误SE = 2.31）$$

式中：Y为体内DM消化率，%；X为体外DM消化率，%。因此，该技术可以用作估测反刍动物饲料DM消化率的方法。

2.基本方法

将饲料样品在100℃的烘箱中烘干6 h，粉碎过0.8 mm网筛。通过瘤胃瘘管，从饲喂干草的绵羊瘤胃中采集瘤胃内容物，通过双层纱布过滤，将瘤胃液放入容器中，并通入二氧化碳，排出空气，然后保持在38～39℃备用。按照McDougall(1948)的方法配制缓冲液，最后放入$CaCl_2$，向溶液中通入二氧化碳，直至溶液变清。胃蛋白酶溶液的配制方法是：将2.0 g 1∶10 000的胃蛋白酶溶解于850 mL无离子水中，加入100 mL 1 mol/L HCl，稀释至1 L 。

(1)瘤胃消化。将烘干的0.5 g饲料样品放入80～90 mL的离心管中，每个样品有两个重复。将离心管存于38℃的培养箱中升温。

每个离心管中加入40 mL缓冲液，然后加入10 mL过滤瘤胃液，混匀，即每个离心管中加入50 mL混合液，同时通入二氧化碳气体。用带有玻璃管和出气缝隙的塑料塞子塞住，出气缝隙为4 mm的裂缝。裂缝一般保持闭合，但是当发酵产生气体时，气体可从缝隙中释放出来。将离心管放入38℃水浴中，避光，在水浴中发酵48 h。每天手工摇晃3～4次。

在发酵过程中，发酵液的pH值可保持在6.7～6.9。当使用干草饲喂提供瘤胃液的绵羊时，一般不需要校正发酵液的pH值。当饲喂青草时，有时瘤胃液含有大量的未消化饲料，发酵产生的挥发酸常超出缓冲液的缓冲能力，在发酵6 h和24 h时，检查pH值，并用1 mol/L Na_2CO_3溶液进行调整，使pH在正常范围之内。

(2)胃蛋白酶消化。第一发酵阶段结束后，每个离心管加入1 mL 5% $HgCl_2$溶液，使瘤胃微生物停止活动，并加入2 mL Na_2CO_3以促进沉淀。尽管这些发酵管可以存放在1℃冰箱内，但一般应在1 800 g离心力下，马上离心15 min。丢弃上层液，在每个培养管中加入50 mL新配制的胃蛋白酶溶液，然后将这些培养管放置在38℃的培养箱中发酵48 h，并不时摇动。在这一阶段，不需要无氧条件。培养结束后，离心，丢弃上层液，用蒸馏水冲洗离心沉淀。将每一离心管的沉淀转移到已知重量的小玻璃杯中(50～100 mL)，在100℃的烘箱中烘干至恒重，计算沉淀的重量。从沉淀中减去空白的沉淀，即为未消化的饲料。这样就可计算出0.5 g饲料样品中未消化的饲料，并可计算出饲料样品的消化率。

(三)应用人工瘤胃测定反刍动物饲料的可利用粗蛋白质和可利用氨基酸

1. 可利用粗蛋白的测定(Zhao 和 Lebzien,2000)

应用装有瘤胃瘘管的牛作为瘤胃液供体。试验牛只饲喂干草,每天分早晚两次饲喂,自由饮水。将风干饲料样品粉碎过 3 mm 网筛,用于体外培养和干物质测定及定氮。将青贮饲料样品进行冻干处理。应用直径为 2 cm、长 6cm、体积为 80 mL 的离心管作为发酵容器。每个离心管内称取 0.5 g 饲料样品。每种饲料样品设置两个重复。发酵前将装有饲料样品的离心管预热至 38℃。于动物早饲后 3 h,通过瘤胃瘘管采集瘤胃食糜,用四层纱布过滤。将大约 400 mL 的瘤胃液存入预热至 38℃的容器并持续通入二氧化碳气体。缓冲液的配制方法如下。

缓冲液Ⅰ:23.5 g $Na_2HPO_4 \cdot 12H_2O$, 12.5 $NaHCO_3$, 11.5 g NH_4HCO_3,溶于 400 mL 蒸馏水。

缓冲液Ⅱ:23.5 g NaCl, 28.5 g KCl, 6.0 g $MgCl_2 \cdot 6H_2O$, 2.63 g $CaCl_2 \cdot 2H_2O$, 溶于 1 000 mL 蒸馏水中。

将 50 mL 缓冲液Ⅱ与 400 mL 缓冲液Ⅰ混合,加入适量蒸馏水,使体积达到 500 mL。然后取 250 mL 混合缓冲液,用 1 000 mL 蒸馏水稀释,加热至 38℃。加入 312.5 mL 的瘤胃液并持续通入二氧化碳气体。每个离心管中加入 50 mL 缓冲液-瘤胃液混合液。离心管用橡皮塞封口,橡皮塞上装有一玻璃管,玻璃管上部装有一橡胶软管,并留有一缝隙,以便释放发酵过程中产生的气体。每个时间点设置两个不含有饲料的空白对照。将所有培养管放入 38℃水浴中,开始培养发酵。

将培养发酵时间设定为 24 h。发酵过程中,不时摇动离心管,使液体与固体混匀。发酵结束时,迅速测定发酵液的 pH 值,并通过无灰滤纸进行过滤,用蒸馏水冲洗两次。记录液体总体积,并取 25 mL 液体用于定氮。将固体和滤纸移入凯氏消化瓶中,首先将液体蒸馏释放出氨,然后再进行消化。将液体和固体样品分别定氮($CP_{液体}$和 $CP_{固体}$)。培养发酵后,根据下述公式计算可利用粗蛋白(uCP):

$$uCP(g/kg)=\frac{CP_{液体}(g)+CP_{固体}(g)-CP_{空白}(g)}{样品干物质(kg)}$$

式中:$CP_{液体}$(g)为每个培养管中液体的总 CP(N×6.25),即(25 mL 中的 CP)×(液体总体积 mL/25 mL)。

由于在蒸馏过程中,氨被释放出来,因此,液体中剩余的 CP 可被认为是可利用粗蛋白。$CP_{固体}$表示固体培养残留物中的 CP(包括空白),$CP_{空白}$表示只含有瘤胃液和滤纸的 CP。

2. 可利用氨基酸测定技术（Zhao and Lebzien，2002）

对于反刍动物而言，测定到达十二指肠的氨基酸氮比测定粗蛋白质更有意义，因此研究测定可利用氨基酸的技术是很有必要的。测定可利用氨基酸的体外培养技术与测定可利用粗蛋白的技术基本相同。不同的是，培养 24 h 后，对于固体和液体不进行过滤分离，也不对液体进行蒸馏，而是直接将培养液（包括固体和液体）一起冻干，测定其中的氨基酸含量。这样所测定的氨基酸就是饲料的可利用氨基酸（uAA）。饲料可利用氨基酸的计算方法为：

$$uAA(g/kg)=\frac{(AA_{残留物}(g)-AA_{空白}(g))}{发酵样品\ DM(kg)}$$

式中：uAA(g/kg)为饲料的可利用氨基酸；$AA_{残留物}$(g)为发酵残留物的氨基酸；$AA_{空白}$(g)为空白的氨基酸。

四、人工瘤胃技术的局限性

尽管人工瘤胃可以有效地模拟活体瘤胃的很多特点，但两者之间仍存在较大的差异。例如，将瘤胃微生物去除后，活体动物的瘤胃不需要接种微生物，就可以建立微生物区系，而人工瘤胃无论如何精确地模拟瘤胃的特点，如果不接种瘤胃微生物，根本不可能建立起微生物区系。因此，利用人工瘤胃测定的试验结果不能直接用于动物。必须进行适当的换算后才能应用。

很多研究探讨了对人工瘤胃测定结果和动物测定结果之间的相关关系，并建立了相关数学模型，为推算动物试验结果提供了可能性，但是人工瘤胃需要接种瘤胃液，而提供瘤胃液的动物的饲养管理对于瘤胃液的特性有很重要的影响。因此，瘤胃液供体动物饲养管理条件必须相近，才能使推算的结果误差最低。

利用人工瘤胃可以开展很多应用动物难以进行的工作。例如，特定品系微生物的培养；饲料发酵产气量及气体的组成；某些可能对动物有毒有害饲料添加剂对瘤胃发酵的影响等。另外，人工瘤胃结构简单，容易控制，成本低廉，可以设置大量重复，因而，在反刍动物营养和饲料营养价值评定中仍然被广泛应用。

第五节　瘤胃微生物蛋白质合成量测定技术

一、二氨基庚二酸法

大多数瘤胃微生物细胞壁上含有二氨基庚二酸（diamino pimelic acid，DA-

PA)，因此这种氨基酸可被用作估测达到小肠的微生物蛋白质的标记物。二氨基庚二酸法的缺点是，只有部分瘤胃细菌(主要是从瘤胃液中分离出来的细菌)含有这种氨基酸。DAPA的含量也随细菌种类的不同而不同。瘤胃原虫的氨基酸组成中不含有这种氨基酸，所以这种方法所测定的瘤胃微生物蛋白质并不包括原虫蛋白质。另外，瘤胃细菌在瘤胃中的解离，可能会导致DAPA在瘤胃液中积累，这样就可能过多地估计微生物蛋白质产量。尽管如此，这一方法仍然被广泛应用。

二、十二指肠核酸法(RNA法)

这一方法的主要原理是，瘤胃微生物细胞中含有RNA，瘤胃微生物的RNA含量相对稳定，RNA可以作为微生物蛋白质合成量的标记物。与DAPA法相比，RNA法的优点是考虑了原虫蛋白质。其缺点是，假设来自饲料的RNA在瘤胃中大部分被降解，进入小肠的RNA均来自瘤胃微生物。但是，当饲料的降解率较低、瘤胃的外流速度较高时，可能有大量的饲料核酸进入小肠，导致所估测的瘤胃微生物蛋白质的合成量偏高。

三、同位素法

同位素法是估测微生物蛋白质合成数量的最精确方法。常用的同位素包括^{35}S、^{15}N和^{32}P。同位素法的最大缺点是成本高。

四、尿液嘌呤衍生物总量法

测定瘤胃微生物蛋白质合成量困难的主要原因是，影响微生物蛋白质合成的因素很多，瘤胃内容物成分复杂，微生物蛋白质不容易定量。瘤胃微生物蛋白质的测定一般需要应用微生物标记物进行。Siddon等(1982)比较了DAPA、^{35}S、^{15}N等方法测定瘤胃微生物蛋白质的效果，认为DAPA法最好。但使用这一方法测定瘤胃微生物蛋白质，需要安装十二指肠瘘管，并测定流入小肠的食糜量，因此大规模测定微生物蛋白质合成量很困难。

应用尿液嘌呤衍生物(urinary purine derivatives)总量间接测定瘤胃微生物蛋白质的方法的主要理论根据是：动物体内的嘌呤可由甘氨酸、丝氨酸、天冬氨酸、谷氨酰胺、甲酸和二氧化碳合成，尽管嘌呤也可来源于日粮和细胞的核蛋白质。研究表明，牛羊的嘌呤衍生物(尿中的尿酸和尿囊素)是反刍动物蛋白质代谢的重要终产物。当饲喂反刍动物高能低蛋白日粮以及动物处于负氮平衡或较弱的正氮平衡时，这时日粮的蛋白质利用很充分。要达到较高的蛋白质合成效率，日粮蛋白质和其他含氮化合物的分解产物在瘤胃中就必须快速合成微生物蛋白质。所以，反刍动物尿中排泄的大部分尿囊素和尿酸可能来自于瘤胃微生物的核酸。Blaxter 和 Martin(1962)向绵羊瘤胃内灌注酪蛋白时,发现动物尿中排泄的尿囊素高于其他向真胃内灌注等量酪蛋白的动物的排泄量。这也表明,尿中尿囊素的排泄可能与瘤胃微生物的活动有关。Topps 和 Elliott(1965)用低蛋白日粮饲喂绵羊,研究了瘤胃内核酸浓度和尿中尿囊素和尿酸之间的关系,提出了使用尿囊素作为瘤胃微生物蛋白质合成的指标。

Fujihara 等(1987)发现绵羊尿中嘌呤衍生物的总量随着灌入瘤胃内尿囊素的增加而直线增加。Verbic 等(1990)向进行灌注营养的牛的真胃中灌注微生物蛋白质储备液(嘌呤),发现尿中嘌呤衍生物总量与灌入真胃的嘌呤量存在直线关系。Chen 等(1990)的研究表明,反刍动物尿中嘌呤衍生物(包括尿囊素、尿酸、黄嘌呤和次黄嘌呤)可以作为评定瘤胃微生物蛋白质合成量的标记物。基本假设和原理是:①日粮的核酸和嘌呤在瘤胃中大部分被降解,因而流入小肠的核酸大部分来自瘤胃微生物。②微生物核酸在小肠中被广泛降解,释放出核苷和碱基。经小肠吸收进入血液的嘌呤可被动物利用合成组织核酸,但限于内源嘌呤损失的替代。③被小肠吸收进入血液而没有被利用的嘌呤被转化为嘌呤衍生物,进而从尿中排出。另外,少量的(大约 15%)的嘌呤衍生物可能被排入肠道,被微生物降解而损失。对于绵羊,尿中嘌呤衍生物的排泄量(y,mmol/d)和小肠对嘌呤的吸收量(x,mmol/d)之间的关系为:

$$y=0.84x+(0.150W^{0.75}e^{-0.25x})$$

式中:$W^{0.75}$为代谢体重。④如果已知嘌呤氮和微生物氮之比以及微生物在小肠中的消化率,则可以计算流入小肠的微生物嘌呤和微生物氮。Chen(1989)研究得知,嘌呤衍生物在小肠中的消化率为 83%,嘌呤氮和瘤胃微生物总氮之比为 0.116∶1。这一方法的优点是简单易行,不需要瘘管动物,只需收集尿样即可。但这一方法有待于通过实验进一步验证。

第六节　瘤胃微生物的分离与培养技术

一、混合瘤胃微生物的分离

研究瘤胃微生物的成分与营养价值,首先必须分离出微生物。少量微生物样品的制备可以按如下方法进行:使用真空泵从瘤胃中吸取 500～1 000 mL 瘤胃内容物。将瘤胃内容物经双层纱布过滤后，放入37℃培养箱中保存1 h，使饲料残渣与瘤胃液分离。然后使用真空泵将漂浮于瘤胃液上层的饲料残渣吸出，丢弃。将剩余的瘤胃液在27 000 *g*下离心10 min，将上清液丢弃，用缓冲液（pH = 7）冲洗离心沉淀，再次离心分离。重复这一过程，直至在显微镜下检查固体物中无饲料残渣为止。将瘤胃微生物冷冻干燥、磨碎，用于分析。

二、瘤胃原虫的分离

（一）瘤胃原虫从瘤胃内容物中的分离

分离方法为：①使用两层纱布将瘤胃内容物过滤，将过滤后的瘤胃液在150 *g*下离心5 min，将大部分上层液丢弃；②在50 mL的离心管中，每10 mL的沉淀加入40 mL质量浓度为30%的果糖溶液；③在150 *g*下离心3 min；④将上层液丢弃；⑤使用质量浓度为0.9%的NaCl溶液冲洗离心沉淀，并在150 *g*下离心5 min，重复进行3次。

（二）瘤胃原虫的染色固定（即时染色固定）（Ogimoto和Imai，1981）

使用MFS溶液（甲基绿-福尔马林-盐水）：固定、染核并保存瘤胃原虫。溶液组成为：100 mL 35%的福尔马林溶液、900 mL蒸馏水、0.6 g甲基绿、8.0 g NaCl。使用前配制1～2 L溶液，在暗处保存，本溶液见光，可能使染色效果变差。当样品中加入5～10倍的MFS溶液时，只有原虫的核被染色。样品至少应在加入MFS溶液30 min以后才能观察，否则染色效果较差。使用MFS溶液固定的样品，储存于暗处，可保持至少3年。MFS溶液本身也可保存很长时间。

使用TBFS溶液区分瘤胃原虫中死亡的或活的原虫。本溶液组成为：100 mL 35%的福尔马林溶液、900 mL蒸馏水、2 g台盼蓝、8 g NaCl。向样品中加入5～10倍体积的TBFS溶液后，活的微生物细胞核被染为浅蓝色，其他部分不被染色或染为更浅蓝色。而死亡微生物被染为深蓝色。不过，如果样品被放置较长时间，染色效果较差。应在固定后2 d内尽快观察原虫。TBFS溶液可以保存很长时间。

（三）原虫的计数

一般使用1 mL瘤胃内容物中原虫的数来表示。使用双层纱布将瘤胃液过滤后，原虫的数量会减少，因为很多原虫附着在饲料颗粒和纱布上，所以最好只用一层纱布过滤。使用MFS溶液染色固定，样品可用4～19倍MFS溶液稀释固定，然后在显微镜下用计数板计数。

(四)原虫的培养

瘤胃原虫的培养方法可被分为两类：即批次培养和持续培养(人工瘤胃)。批次培养一般使用带有塑料盖子的离心管或普通的瓶子进行，每毫升溶液大约可保持 10 000 个原虫，但需将原虫转移到新的基质中，而使用人工瘤胃每毫升培养液可以保持 100 000～1 000 000 个原虫，这和瘤胃中的原虫浓度一样多，但人工瘤胃的设备和操作要比批次培养方法复杂得多。

1. 批次培养

在普通瓶子和离心管中进行培养，其中装有矿物质溶液、干草、淀粉和新鲜瘤胃液，充入 CO_2 或 5%CO_2+95% N_2，用橡皮盖子密封。简单培养方法(Imai 等，1979)为：① Hungate 的缓冲液(1942)配方：6.0 g NaCl，1.0 g KH_2PO_4，1.0 g $NaHCO_3$，0.1 g $CaCl_2$，0.05 g $MgSO_4 \cdot 7H_2O$，溶于 1 000 mL 蒸馏水。其中钙和镁需要在使用前分别添加，溶解。②质量浓度为 5%的干苜蓿粉悬浮液，保存在 4℃。③淀粉：5%的大米淀粉悬浮液，储存于 4℃。④气体：5%的 CO_2+95% N_2。⑤培养容器：100 mL 的瓶子。⑥温度：37～39℃。⑦操作方法：将不含钙和镁的培养液倒入瓶子中，加入钙和镁，分别加入 0.5 mL 的干草和大米淀粉悬浮液，通入气体 2 min，加入 2 mL 瘤胃液接种物，通入气体 1 min。用橡皮塞密封，在 37～39℃下培养。每隔 24～36 h 可更新一半培养液以继续培养。

2. 人工瘤胃持续培养

本系统应该能够持续地投入发酵基质，排除发酵产物。能较全面地模拟瘤胃的条件，如温度、pH、渗透压、气体浓度、还原电位等，因而能够很好地培养瘤胃原虫。

三、瘤胃细菌的分离

1. 瘤胃细菌样品的收集与显微镜观察

通过瘤胃瘘管或刚屠宰的反刍动物瘤胃中采集瘤胃内容物，放入充入二氧化碳气体的塑料瓶中，然后尽快稀释或进行其他处理，用于显微观察的样品应尽快用 10%MFS 溶液或福尔马林固定。

2. 瘤胃细菌的培养(试管法，Hungate，1969)

应用还原液将瘤胃液样品稀释至 10^{-10}～10^{-8}倍，在无氧和无菌条件下接种瘤胃细菌，旋转，在 37℃下发酵 5～14 h。计数菌落，然后分离菌落(无氧条件)。

第七节 康奈尔净碳水化合物和蛋白质体系饲料分析方法

一、净碳水化合物-蛋白质体系对饲料成分的分类方法

德国的 Weende 体系将饲料成分分为粗蛋白质、粗脂肪、粗灰分、粗纤维、无氮浸出物和水分六大部分，以评定比较饲料的营养价值。尽管该体系是饲料营养价值评定的基础，但仅根据化学成分并不能说明反刍动物对饲料的消化利用情况，因而不能很好地反映饲料的营养价值。尼龙袋技术（Ørskov 和 McDonald，1979）反映了饲料营养成分在瘤胃中的降解情况，可以测定饲料在反刍动物瘤胃中的降解率，粗略地将饲料的营养成分分为快速降解部分、慢速降解部分和不可降解部分，比较饲料的可利用性。消化代谢试验能够真实地反映动物对饲料营养物质的利用情况，但是花费的人力、物力和时间多。美国康奈尔净碳水化合物和蛋白质体系（CNCPS）（Sniffen 等，1992）将饲料的碳水化合物分为四部分：CA 为糖类，在瘤胃中可快速降解；CB1 为淀粉，为中度降解部分；CB2 是可利用的细胞壁，为缓慢降解部分；CC 部分是不可利用的细胞壁。碳水化合物的不可消化纤维为木质素×2.4（Smith 等，1972）。将蛋白质分为三部分：非蛋白氮（NPN）、真蛋白质和不能利用蛋白质（Van Soest，1981）。这三部分分别被描述为 PA（NPN）、PB（真蛋白）和 PC（结合蛋白质）（Pichard 和 Van Soest，1977）。真蛋白质又被进一步分为 PB1、PB2、PB3 三部分。PA 和 PB1 在缓冲液中可溶解（Roe 等，1990），PB1 在瘤胃中可快速降解（Van Soest 等，1981），PC 含有与木质素结合的蛋白质、丹宁蛋白质复合物和其他高度抵抗微生物和哺乳类酶类的成分（Krishnamoorthy 等，1982；1983），在酸性洗涤剂中不能被溶解（acid detergent insoluble protein，ADIP）（Pichard 和 Van Soest，1977），在瘤胃中不能被瘤胃细菌降解，在瘤胃后消化道也不能被消化（Krishnamoorthy 等，1982）。PB3 在中性洗涤剂中不溶解（neutral detergent insoluble protein，NDIP），但可在酸性洗涤剂中溶解，由于 PB3 与细胞壁结合在一起，因而在瘤胃中可缓慢降解，其中大部分可逃脱瘤胃降解。缓冲液不溶蛋白质减去中性洗涤剂不溶蛋白，剩余部分为 PB2。部分 PB2 在瘤胃中可被发酵，部分流入后肠道中。

CNCPS 体系的特点是，把饲料的化学分析、植物细胞成分及反刍动物的消化利用结合起来，使分析结果更有参考价值，便于更为准确地编制反刍动物饲料配

方，对于生产更有指导价值。

二、净碳水化合物和蛋白质体系的饲料组分计算方法

根据 Sniffen 等的方法（1992）计算 CNCPS 的碳水化合物组分和含氮化合物组分，计算公式如下：

PA（%CP）＝NPN（%SOLP）×0.01×SOLP（%CP）

PB1（%CP）＝SOLP（%CP）－PA（%CP）

PC（%CP）＝ADIP（%CP）

PB3（%CP）＝NDIP（%CP）－ADIP（%CP）

PB2（%CP）＝100－PA（%CP）－PB1（%CP）－PB3（%CP）－PC（%CP）

其中，CP（%DM）为粗蛋白质占干物质的百分比；NPN（%CP）为非蛋白氮占饲料粗蛋白质的百分比；SOLP（%CP）为可溶性蛋白占粗蛋白质的百分比；NDIP（%CP）为中性洗涤剂不溶蛋白占粗蛋白质的百分比；ADIP（%CP）为酸性洗涤剂不溶蛋白占粗蛋白质的百分比；PA（%CP）为非蛋白氮占粗蛋白质的百分比；PB1（%CP）为快速降解蛋白占粗蛋白质的百分比；PB2（%CP）为中度降解蛋白质占粗蛋白质的百分比；PB3（%CP）为慢速降解蛋白质占粗蛋白质的百分比；PC（%CP）为结合蛋白质占粗蛋白质的百分比。因式中百分号仅作为单位，并不参与乘法运算，故两数值相乘后需乘以 0.01，使得出的单位为百分数，以下同。

CHO（%DM）＝100－CP（%DM）－FAT（%DM）－ASH（%DM）

CC（%CHO）＝100×（NDF（%DM）×0.01×LIGNIN（%NDF）×2.4）/CHO（%DM）

CB2（%CHO）＝100×（（NDF（%DM）－NDIP（%CP）×0.01×CP（%DM）－
NDF（%DM）×0.01×LIGNIN（%NDF）×2.4）/CHO（%DM））

CNSC（%CHO）＝100－CB2（%CHO）－CC（%CHO）

CB1（%CHO）＝STARCH（%NSC）×（100－CB2（%CHO）－CC（%CHO））/100

CA（%CHO）＝（100－STARCH（%NSC））×（100－CB2（%CHO）－CC（%CHO））/100

其中，CP（%DM）为粗蛋白占饲料干物质的百分比；CHO（%DM）为碳水化合物占饲料干物质的百分比；FAT（%DM）为脂肪占饲料干物质的百分比；ASH（%DM）为灰分占饲料干物质的百分比；NDF（%DM）为中性洗涤纤维占饲料干物质的百分比；NDIP（%DM）为中性洗涤剂不溶蛋白质占饲料干物质的百分比；LIGNIN

(%NDF)为木质素占 NDF 的百分比；STRACH(%NSC)为淀粉占非结构碳水化合物的百分比；CA(%CHO)为糖类占碳水化合物的百分比；CB1(%CHO)为淀粉和果胶占碳水化合物的百分比；CB2(%CHO)为可利用纤维占碳水化合物的百分比；CC(%CHO)为不可利用纤维占碳水化合物的百分比；饲料中不可消化纤维的数量为木质素的 2.4 倍。

三、CNCPS 的应用

Russel 等(1992)总结了一些动物试验结果并分析后发现，动物试验的瘤胃微生物氮与 CNCPS 组分估测的瘤胃微生物氮之间的 r^2 为 0.88。Shannak 等(2000)分析了饲料的 CNCPS 含氮化合物组分与尼龙袋法测定的饲料非降解蛋白之间的关系，得出结论：应用 CNCPS 的含氮化合物组分能够准确地预测饲料的瘤胃非降解蛋白。赵广永等(2004)分析了应用体外培养发酵法测定的饲料可利用粗蛋白与 CNCPS 含氮化合物组分之间的关系，发现饲料的可利用粗蛋白与 CNCPS 含氮化合物组分之间存在显著的多元一次相关关系：uCP(g/kgDM)=(9.95±2.73)PA+(2.92±1.36)PB1+(7.27±0.86)PB2+(8.20±3.33)PB3+(17.67±3.79)PC+(63.26±18.02)，$r^2=0.90$，$n=30$。还有一些研究表明，应用饲料的 CNCPS 组分能够准确预测到达反刍动物小肠的氨基酸数量、肉牛的氮沉积和饲料的消化率等指标。

四、主要营养成分的测定与计算方法

1. 中性洗涤纤维(NDF)

饲料的中性洗涤纤维主要包括纤维素、半纤维素和木质素。称取 0.5～1.0 g 过 1 mm 网筛的饲料样品；用 100 mL 中性洗涤剂溶液煮沸 1 h。当有淀粉样品时，在加热烧杯前，加入 50 μL 的耐热淀粉酶；用已知重量的滤纸(如果要测定 NDIP)或用可过滤的耐热玻璃坩埚过滤。

$$\text{NDF}=\frac{\text{饲料残渣重量}}{\text{饲料样品重}}\times 100\%$$

2. 酸性洗涤纤维(ADF)

饲料的酸性洗涤纤维主要包括纤维素、木质素和硅。用酸性洗涤剂洗涤是测定木质素和 ADIP 的准备步骤。酸性洗涤剂溶液也溶解半纤维素。称取过 1 mm 网筛的饲料样品 0.5～1.0 g；用酸性洗涤溶液 100 mL 煮沸 1 h；用已知重量的滤纸(如果测定 ADIP)或可过滤的耐热玻璃坩埚过滤。

$$ADF=\frac{饲料残渣重量}{饲料样品重量}\times 100\%$$

3. 可溶性粗蛋白(soluble crude protein,SCP)

可溶性粗蛋白包括可溶解真蛋白(B1 部分)和 NPN(A 部分)。可使用硼酸-磷酸缓冲液用于测定可溶解粗蛋白。硼酸-磷酸缓冲液(pH 6.7)的配制方法为:12.20 g/L $NaH_2PO_4\cdot H_2O$, 8.91 g/L $Na_2B_4O_7\cdot 10H_2O$ 。测定方法为:使用凯氏定氮法测定饲料总氮;称取 0.5 g 饲料样品,放入 125 mL 三角瓶中,加入 50 mL 硼酸-磷酸缓冲液,在 39℃恒温箱中培养 1 h,使用滤纸过滤,用 250 mL 硼酸-磷酸缓冲液冲洗饲料残留物,将滤纸(和饲料残留物)在 105℃下烘干,用凯氏定氮法测定饲料残留物中的氮。

$$SCP=\frac{总粗蛋白-饲料残留粗蛋白}{总粗蛋白}\times 100\%$$

4. 非蛋白氮(non-protein nitrogen,NPN)

在净碳水化合物和蛋白质体系中,NPN 为 A 部分。NPN 的测定是基于三氯乙酸或钨酸对真蛋白质的沉淀作用。因而,NPN 的含量可以用总粗蛋白减去沉淀粗蛋白而求得。B1 蛋白质部分可由 NPN 求得。所用试剂为:10%的 $Na_2WO_4\cdot 2H_2O$ 溶液(0.3 mol/L)和 0.5 mol/L H_2SO_4。测定过程为:称取 0.5 g 干燥饲料样品,放入 125 mL 三角瓶中;加入 50 mL 凉蒸馏水,加入 8 mL 10%的 $Na_2WO_4\cdot 2H_2O$ 溶液。在 20~25℃下放置 30 min,加入 10 mL 0.5 mol/L 的 H_2SO_4 将 pH 值调节至 2.0,在室温下过夜,用 54 号滤纸过滤,先用蒸馏水将滤纸浸湿,然后加入样品。自然过滤或应用较弱的真空抽吸。如果滤液浑浊,则需要重新过滤。用凉蒸馏水冲洗,将滤纸(和样品)转移至凯氏瓶中消化,测定残留氮。

$$NPN=\frac{总粗蛋白-残留粗蛋白}{总粗蛋白}\times 100\%$$

5. 中性洗涤剂不溶蛋白的测定(neutral detergent insoluble protein,NDIP)

中性洗涤不溶蛋白(NDIP)代表了与细胞壁结合的蛋白质和在中性洗涤剂溶液中不溶解的蛋白质。包括慢速降解的真蛋白质(B3 部分)和不能被消化的蛋白质(C 部分)。不溶缓冲液 CP 减去 NDIP 可用于估测 B2 部分。NDIP 的测定方法与测定 NDF 的方法相似,使用滤纸过滤,用热蒸馏水冲洗饲料残渣,然后用丙酮冲洗直至将酸冲洗干净。在 105℃烘箱中过夜,如果测定 NDF,则需要称重。将滤纸转移至凯氏烧瓶中,测定 CP。

$$\text{NDIP}=\frac{\text{残留粗蛋白}}{\text{总粗蛋白}}\times 100\%$$

6. 酸性洗涤剂不溶蛋白(acid detergent insoluble protein,ADIP)

酸性洗涤剂不溶蛋白(ADIP)代表了不能被消化的蛋白质(C 部分)。也与木质素有关,在酸性洗涤剂溶液中不溶解。NDIP 和 ADIP 之间的差别可用于估测缓慢降解的蛋白质(B3 部分)。根据测定 ADF 的方法进行,使用定量滤纸过滤(如果要测定 ADF),先用热蒸馏水洗涤,然后用丙酮洗涤,直至将酸洗净,在 105℃烘箱中过夜。如果测定 ADF,则需要称重。将滤纸转移至凯氏烧瓶中,测定 CP。

$$\text{ADICP}=\frac{\text{残留粗蛋白}}{\text{总粗蛋白}}\times 100\%$$

参考文献

冯仰廉.2000.肉牛营养需要和饲养标准.北京:中国农业大学出版社.

赵广永.2003.肉牛规模养殖技术.北京:中国农业科学技术出版社.

任继平,赵广永.2002.舍饲拴系饲养条件下肉牛育肥期蛋白质需要的研究.中国畜牧杂志,38(2):21-22.

赵广永.1993.瘤胃内液体平衡与瘤胃发酵及微生物蛋白质合成之间的关系.北京农业大学博士学位论文.

寇占英.1999.哺乳犊牛消化道主要消化酶发育规律的研究.中国农业大学硕士论文.

张英杰,刘月琴,孙洪新,等.2005.羔羊小肠 pH 及主要消化酶发育规律的研究.畜牧兽医学报,36(2):149-152.

Armstrong D G, Blaxter K L. 1957. The heat increment of steam-volatile fatty acids in fasting sheep. British Journal of Nutrition, 11:247-272.

Armstrong D G, Blaxter K L. 1957. The utilization of acetic, propionic and butyric acids by fattening sheep. British Journal of Nutrition, 11:413-425.

Baldwin R L. 2000. Sheep gastrointestinal development in response to different dietary treatments. Small Ruminant Research, 35:39-47.

Bird S H, Leng R A. 1978. The effects of defaunation of the rumen on the growth of cattle on low-protein high-energy diets. British Journal of Nutrition, 40:163-167.

Bird S H, Hill M K, Leng R A. 1979. The effect of defaunation of the rumen on the growth of lambs on low-protein-high-energy diets. British Journal of Nutrition, 42:81-87.

Blaxter K L, Clapperton J L. 1965. Prediction of the amount of methane produced by ruminants. British Journal of Nutrition, 19:511-522.

Demeyer D I, Nevel C J Van. 1979. Effect of defaunation on the metabolism of rumen micro-organisms. British Journal of Nutrition, 42:515-524.

Eadie J M, Hobson P N. 1962. Effect of the presence or absence of rumen ciliate protozoa on the total rumen bacterial count in lambs. Nature, Feb 3, Vol 193:503-505.

Ellis J L, Kereab E, Odongo N E, et al. 2007. Prediction of methane production from dairy and beef cattle. Journal of Dairy Science, 90: 3456-3467.

Fallon R J, Williams P E V, Unnes G M. 1986. The effects on feed intake, growth and digestibility of nutrients of including calcium soaps of fat in diets for young calves. Animal Feed Science and Technology, 14: 103-115.

Flachowsky G, Raasch A, Raach R, et al. 1996. Influence of rumen protected fat with methionine on the performance of lactating dairy cows. Journal of Applied Animal Research, 10: 135-148.

Flachowsky G, Wirth R, Mockel P, et al. 1995. Influence of rumen protected fat on rumen fermentation, in sacco dry matter degradability and apparent digestibility in sheep. Journal of Applied Animal Research, 8: 71-84.

Holter J B, Young A J. 1992. Methane prediction in dry and lactating cows. Journal of Dairy Science, 75: 2165-2175.

Hsu J T, Fahey G C Jr, Clark J H, et al. 1991. Effects of urea and sodium bicarbonate supplementation of a high-fiber diet on nutrient digestion and rumianl characteristics of defaunated sheep. Journal of Animal Science, 69: 1300-1311.

Kay R N B. 1966. The influence of saliva on digestion in ruminants. World Review of Nutrition and Dietetics, 6: 292-323.

Kayyouli C, Demeyer D I, Nevel C J Van. 1983/84. Dendooven R. Effect of defaunation on straw digestion in sacco and on particle retention in the rumen. Animal Feed Science and Technology, 10: 165-172.

Kriss M. 1930. Quantitative relations of the dry matter of the food consumed, the heat production, the gaseous outgo and the insensible loss in body weight of cattle. Journal of Agricultural Research, 40: 283-295.

IPCC. 2006. IPCC Guidelines for National Greenhouse Gas Inventories.

Lane M A, Jesse B W. 1997. Effect of Volatile fatty acid infusion on development of the rumen epithelium in neonatal sheep. Journal of Dairy Science, 80: 740-746.

Lebzien P, Voigt J, Gabel M, et al. 1996. Zur Schatzung der Menge an nutbarem Rohpotein am Duodenum von Milchkuhen. Journal of Animal Physiology and Animal Nutrition Anim. Nutr, 76: 218-223.

Licitra G, Hernandez T M, Van Soest P J. 1996. Standardization of procedures for nitrogen fractionation of ruminant feeds. Animal Feed Science and Technology,57:347-358.

MacLeod N A, Corrgal W, Stirton R A, et al. 1982. Intragastric infusion of nutrients in cattle. British Journal of Nutrition,47:547-552.

Malawer S J, Powell D W. 1967. An improved turbidimetric analysis of polyethylene glycol utilizaing an emulsifier Gastroenterology,53(2):250-256.

McDougall E I. 1948. Studies on ruminant saliva. 1. The composition and output of sheep's saliva. Biochemical Journal,43(1):99-109.

McKinnon J J, Olubobokun J A, Christensen D A, et al. 1991. The influence of heat and chemical treatment on ruminal disappearance of canola meal. Canadian Journal of Animal Science,71:773-780.

McKinnon J J, Olubobokun J A, Mustafa A, et al. 1995. Influence of dry heat treatment of canola meal on site and extent of nutrient disappearance in ruminants. Animal Feed Science and Technology,56:243-252.

Menke K H, Raab L, Salewski A, et al. 1979. The estimation of the digestibility and metabolizable energy content of ruminant feedingstuffs from the gass production when they are incubated with rumen liquor in vitro. Journal of Agricultural Science, Cambridge, 93:217-222.

Mills J A N, Kereab E, Yates C M, et al. 2003. Alternative approaches to predicting methane emmisions from dairy cows. Journal of Animal Science,81:3141-3150.

Moe P W, Tyrell H F. 1979. Methane production in dairy cows. Journal of Dairy Science,62:1583-1586.

NRC. 1996. Nutrient requirment of beef cattle, Seventh edition, Washinton D. C. ,National Academy Press.

NRC. 1976. Urea and other nonprotein nitrogen compounds in animal nutrition. National Academy of Sciences.

Ørskov E R,McDonald I. 1979. The estimation of protein degradability in the rumen from incubation measurements weighted according to the rate of passage. Journal of Agricultural Science, Cambridge,92:499-503.

Ørskov E R, Grubb D A, Wenham G, et al. 1979. The sustenance of growing and fattening ruminants by intragastric infusion of volatile fatty acid and protein. British Jouranl of Nutrition,41:553-558.

Ørskov E R, Ryle M. 1990. Energy Nutrition in Ruminants. Elsevier Applied Science, London and New York, pp. 23.

Roe M B, Sniffen C J, Chase L E. 1990. Techniques for measuring protein fractions in feedstuffs. Proceedings of Cornell Nutrition Conference, 81-88. Ithaca, NY.

Russell, J B, O'Connor J D, Fox D G, et al. 1992. A net carbohydrate and protein system for evaluating cattle diets. I. Ruminal fermentation. Journal of Animal Science, 70:3551-3561.

Sakata T, Tamate H. 1979. Rumen epithelium cell proliferation accelerated by propionate and accetate. Journal of Dairy Science, 62:49-52.

Simunek J, Skrivanova V, Hoza I, et al. 1995. Ontogenesis of enzymatic activities in the gastrointestinal tract of young goats. Small Ruminant Research, 17:207-211.

Tamate H, McGillard A D, Jacobson N L, et al. 1962. Effect of various dietaries on the anatomical development of the stomach in the calf. Journal of Dairy Science, 45:408.

Thorlacius S O, Lodge A. 1973. Absorption of steam-volatile fatty acids from the rumen of the cow as influenced by diet, buffers and pH. Canadian Journal of Animal Science, 53:279-288.

Tilley J M A, Terry R A. 1963. A two-stage technique for the in vitro digestion of forage crops. Journal of British Grassland Society, 18:104-111.

Uden P, Colucci P E, Van Soest P J. 1980. Investigation of chromium, cerium and cobalt as markers in digesta rate of passage studies. Journal of the Science of Food and Agriculture, 31:625-632.

Van Soest P J, Roberton J B, Lewis B A. 1991. Methods for dieatary fiber, neutral detergent fiber, and non-starch polysaccharids in relation to animal nutrition. Journal of Dairy Science, 74:3583-3597.

Whitelaw F G, Eadie J M, Bruce L A, et al. 1984. Methane formation in faunated and cilliate-free cattle and its relationship with rumen volatile fatty acid proportions. ritish Journal of Nutrition, 52:261-275.

Whitelaw F G, Milne J S, Wright S A. 1991. Urease (EC3. 5. 1. 5) inhibition in the sheep rumen and its effect on urea and nitrogen metabolism. British Journal of Nutrition, 66:209-225.

Wilkerson V A, Casper D P. 1995. The prediction of methane production of Holstein cows by several equations. Journal of Dairy Science, 78:2402-2414.

Zhao G Y, Duric M, Macleod N A, et al. 1995. The use of intragastric nutrition to study saliva secretion and the relationship between rumen osmotic pressure and water transport. British Jouranl of Nutrition,73:155-161.

Zhao G Y,Lebzien P. 2000. Development of an in vitro incubation technique for estimating utilizable crude protein (uCP)in feeds for cattle. Archives of Animal Nutrition,53:293-302.

Zhao G Y, Lebzien P. 2002. The estimation of utilizable amino acids (uAA) of feeds for ruminants using an in vitro incubation technique. Journal of Animal Physiology and Animal Nutrition,86:246-256.

